TSUKUBASHOBO-BOOKLET

暮らしのなかの食と農——㊵

現代の『論争書』で読み解く食と農のキーワード

村田武
Murata Takeshi

筑波書房ブックレット

目　次

はじめに………………………………………………………………… 4

Ⅰ　食料安全保障と協同組合の役割（座談会）……………… 9

Ⅱ　現代の『論争書』で読み解く食と農のキーワード……… 27

　日本農業の危機を打ち破るキーワードを探る……………………… 28
　1　食料自給率 ………………………………………………………… 31
　2　「消費者利益」または「消費者主権」………………………… 36
　3　「食生活ガイドライン」または「食事バランスガイド」…… 41
　4　食品テロ …………………………………………………………… 46
　5　バイオエタノール ………………………………………………… 51
　6　ファミリーファーム ……………………………………………… 55
　7　直接支払い ………………………………………………………… 60
　8　メイド・イン・チャイナ ………………………………………… 65
　9　フェア（トレード）・アグリーメント ………………………… 70
　10　「東アジア共同体」または「東アジア共通農業政策」…… 75

はじめに

　アメリカの住宅バブル崩壊に端を発した金融危機が、あっという間に世界中に広がりました。アメリカの住宅の過剰生産が信用力のない低所得者向けに無理やり貸し出されたサブプライム・ローンでつくりだされ、しかもそのローン債権が証券化されて世界中に売りに出された結果が債務不履行となり、担保証券で儲けを狙った金融機関の資産が不良債権化して危機が広がったというのです。金融資本主義・ウォールストリート資本主義ここに極まれりということなのでしょう。しかもその金融危機が実体経済の危機に転化し、日米欧の先進国経済はかつて経験したことのない同時マイナス成長に落ち込んでいます。未曾有の大不況というより大恐慌が21世紀初頭の世界を襲っているわけです。

　そしてこの大恐慌から脱出するには、金融機関やGM・クライスラーなどアメリカ産業の根幹をなす自動車産業への公的資金の導入や政策金利の引下げなどでは、まったく不十分であることが明確になっています。「変革は、8年間のブッシュ時代に対してだけでなく、70年代以来30年にわたった新自由主義の時代に対する決別と転換でなければならない。グローバルな危機にはグローバルな対応が必要とされている。」(『世界』2009年1月号、141ページ) という認識が広い支持を受けるようになっているのでしょう。

　ひるがえってわが国はどうでしょうか。2008年9月15日にアメリカ

の大手証券会社リーマン・ブラザーズが経営破綻する１ヶ月前まで、「世界一の自動車メーカー」に躍り出たトヨタ自動車や「世界のキヤノン」は、バブル期を上回る史上最高益を誇っていました。ところが、その高収益が小泉・竹中構造改革・規制緩和政策による派遣や非正規雇用の拡大、賃金抑制の企業戦略の後押しとともに、社会保障の連続改悪や庶民増税による国民負担増による民間消費の冷え込み・内需低迷と外需頼みの構造化の結果であったことが、大恐慌の勃発の中でさらけだされています。

　2008年末は急激な雇用情勢の悪化のニュースであふれました。厚生労働省が12月26日に発表した数字では、派遣労働者が過去最高の約400万人にのぼること、そして09年３月までの半年間に、解雇や期間満了にともなう雇い止めで職を失う非正規従業員が８万5000人を突破するとしました。自動車産業などの派遣・請負労働者の削減が日系ブラジル人など定住外国人の生活を直撃しており、緊急支援が必要になっていることも報道されています。輸出に依存してきた大企業は、トヨタ、ホンダもキヤノンも、円高にも直撃されていっきょに経営不振と株価の暴落にあわてています。

　ところが、共同通信社の集計によれば、そのトヨタ自動車やキヤノンなどわが国を代表する大手製造業16社が、大規模な人員削減を進める一方で、株主対策や財務基盤強化を重視した経営を続けているというのです。利益から配当金などを引いた内部留保は、16社の合計額では08年９月末で約33兆6000億円、景気回復後の02年３月期末から倍増し、空前の規模に積みあがっています。16社で４万人を超える人員削減をしながら、10社は、09年３月期の配当を増やすか維持するというのですから、あいた口が塞がりません。日本経団連の大橋洋治経営労働政策委員長（全日本空輸会長）は、08年末のインタビューで、雇用

調整が正社員にもおよぶ可能性があるとし、財界としては雇用を守る責任を事実上とれないとしています。このような大企業や財界の無責任を見過すべきではありません。大量解雇をやめさせ、雇用を守る責任を果たすこと、そのために溜め込んだ内部留保を吐き出して社会的責任を果せという声を上げることが必要です。

大手企業の財務と人員削減

	内部留保 2001年度末 2008年9月末	配当 2009年3月期	人員削減
電機・精密9社 （キヤノン）	6兆6000億円 11兆2000億円 9000億円 2兆8000億円	増配4社、維持2社 未定3社 （110円 [維持]）	2万1155人 （1700人）
自動車7社 （トヨタ自動車）	10兆3000億円 22兆4000億円 6兆7000億円 12兆3000億円	増配1社、維持3社 未定3社 （未定）	1万8940人 （5800人）
合計	17兆 33兆6000億円		4万0095人

※人員削減は、請負、派遣、期間の従業員判明分。キヤノンは2001年12月期。
　内部留保は、利益準備金、剰余金、その他の包括利益などの合計。内部留保の額は四捨五入のため合計が合わない場合もある

出所）共同通信社調べ。「愛媛新聞」2008年12月24日。

さて、本書は、社団法人農協協会が旬刊で発行している「農業協同組合新聞」に、2007年11月から08年8月までの毎月末号に、10回にわたって連載されたシリーズ「村田武の現代の『論争書』で読み解くキーワード」をまとめたものです。現代の農や食に関わる問題を解くうえで重要な鍵となる語（キーワード）を選び、キーワードに取り組んだ最近の出版物の紹介とその検討を通じて、持論を語るという形式をとった毎回約3000字のコラム欄でした。本書への転載に際しては、わずかな字句の修正にとどめました。
　ただし、「農業協同組合新聞」掲載の順序ではなく、本書では食料問題や食生活に関わるキーワード、そして農業や農産物貿易に関わるキーワードという順に並べかえています。
　さらに、このシリーズを終えた直後の2008年秋に創刊80周年を迎えた「農業協同組合新聞」の記念号（2008年10月20日、第2054号）に「特集・食料安保への挑戦②」として座談会「危機の時代の協同組合運動を考える」を準備し、司会する機会が与えられました。座談会に登場いただいた富士重夫氏（全国農業協同組合中央会常務理事）、宮原邦之氏（全国漁業協同組合連合会代表理事専務）、加藤好一氏（生活クラブ事業連合生活協同組合連合会会長）の各氏との忌憚のない意見交換は、協同組合運動の現代的課題を考えるうえで私には得るところが大きく、私の主張と共通する認識をもたれる協同組合運動のトップがおられることはたいへん心強い同志を得た感がありました。社団法人農協協会の許可を得て、本書の冒頭に転載させていただくことにしました。
　社団法人農協協会のご配慮に感謝するとともに、座談会に参加いただいたお三方にも心からお礼申し上げます。
　新自由主義からの脱却と、わが国農業の再生と食料安全保障に向け

ての政策転換を求める国民的な運動に役立ちたいという私の願いを込めた本書が、少しでも多くの読者を得ることができればこれに優る幸せはありません。

Ⅰ　食料安全保障と協同組合の役割
（座談会）

危機の時代の協同組合運動を考える

〈出席者〉
冨士重夫　全国農業協同組合中央会常務理事
宮原邦之　全国漁業協同組合連合会代表理事専務
加藤好一　生活クラブ事業連合生活協同組合連合会会長
村田武（司会）　愛媛大学特命教授

　原油や生産資材価格の高騰は農業だけではなく漁業にも打撃を与えた。2008年の夏、注目されたのは漁業者の全国一斉休漁だった。農産物だけでなく水産物の生産も危機的な状況にあることをアピールした。一方、経済が減速するなかで消費者の家計は苦しく食品の値上げがそれに拍車をかけている。生産者、消費者ともに壁にぶつかるなか、食の安全と安定確保がいっそう重要になっている時代を迎えていることは共通の認識になっている。問題意識を共有し、その解決に向かって力を合わせていくのが協同組合だとすれば、今こそ生産から流通、消費にいたるまでさまざまな分野の協同組合が連携していくことが求められている。食料安保の確立のために協同組合はどう考え行動しなければならないかを話し合ってもらった。

1 米生産の安定こそ食料安保への道―地域社会の中核として期待される農協と漁協―

◆米生産者がいちばんの被害者――事故米問題

村田 今日のテーマは「食料安全保障と協同組合の役割」です。これは世界の協同組合にとっての課題ですが、とくにわが国は食料自給率が40％を切るなかで協同組合運動の役割は大きくなっていると思います。

そんななか、ミニマム・アクセス（MA）米の転売で明らかになった事故米問題が起きています。まず最初にこの事故米問題についての率直な感想からお聞かせください。

冨士 この問題は、MA米の輸入そのもの、管理のあり方、そしてMA米に限らず主食用米以外の加工用米も含めた米流通のあり方、安心・安全確保のための規制の必要性など、幅広い問題を提起したと思います。

それから、もともと工業用ノリはそれほど需要があるわけではなくて、なぜそれほど需要がないところに大量の米が捌けると思ったのかという疑問もあります。さらに工業用には米を破砕したり着色して販売していたはずなのに、なぜMA米はそうしなかったのかという問題があるわけですが、そこには輸入数量そのものに無理があるのではないかという問題もある。そういう意味でMA米はWTO協定で約束した輸入ですが、一体、これは何なのか改めて考え直すべきことが提起されていると思います。

加藤 農水省が公表した関係企業リストは相当数ありますが、なかには被害者的な立場の企業もあることは承知しています。私たちも取り

扱っている商品、消費材といっていますが、その原料をチェックしました。提携生産者で事故米を原料としてしまったところもありましたが、私どもの消費材にはその事例はありませんでした。

ただ、ここで思ったのは、公表された300社以上の業者はまさか損をして取り引きしていたはずはない。ということは、それぞれの段階で利益になったわけだからこれはすごいということです。昔から米の世界の方と話をすると、冗談交じりに、いくらの米でも用意できるから言ってくれというような話を聞いたことがあります。今回の事件では、それはあながち冗談ではなく、もう何とでもなるという世界だったんだなと。とにかくあの錬金術はすごいですよね。

しかし、最大の被害者は日本で一生懸命、米を作っている生産者ですよね。せっかく米の消費量も上向いてきたときですからね。その人たちの立場にたって、政治、行政が真剣に反省をして抜本的な対策を講じてほしいと思います。

◆市場原理主義が背景に
宮原　水産の世界でも同じようなことがありました。ウナギの偽装問題です。中国産が国産品として売られていた。とくに愛知県の一色産という有名ブランドの名を騙って中国産が売られていたということです。なぜこういうことがまかり通っているかということを考えると、やはり市場原理というものにあまりにも重きを置きすぎて、この原理が正しいんだという考えがベースにあるのだと思います。

市場に任せておけばいいということになって、規制を緩和することばかり考えた。私はこれから質していくべきだと思っているのは、規制改革会議は何をやってきたのかです。いろいろな規制をチェックすることはいいですが、食の安全も市場原理にまかせてしまったのでは

ないか。規制改革会議など必要ないと言いたいですね。

◆構造的な変化示す食料事情
村田 食の安全・安心を揺るがす問題が頻発していますが、一方、今年は世界的な食料危機を背景に6月にはFAOの食料サミットが開かれ、洞爺湖のG8サミットでも世界の食料安全保障問題に関して話し合われました。食料・農業情勢をどう見ているかお聞かせください。
冨士 地球レベルで食料増産が必要だということですから、各国の持てる農業資源、農地を最大限活用してそれぞれの国が努力して食料生産に取り組むという状況にあると思います。

　ここにはバイオエタノール、つまりエネルギーとの農産物の奪い合い、それから途上国との奪い合いと、いろいろ要因がありますが、中国・インドといった新興国の需要増大というのがやはり大きい。それがある限り、たとえばトウモロコシも、やや価格が下がったとはいえ、1ブッシェル4ドル台です。数年前まではずっと2ドル台だったわけですから高止まっているということですね。少なくともまだ数年はこの水準でいくということを考えれば、世界中の農地が大きく増えるとは思えませんので、その国が持っている農地を最大限活用して食料増産に取り組み、世界レベルで貢献しなければならないということだと思います。
加藤 冷凍ギョーザ事件はひとつの象徴だったと思いますが、昨今、消費者の叫びというのはやはり食料の安全保障、そこが安心できる国というのを求めているのだと思います。あえて、きちんと物事を考えてくれる消費者、と言いますが、そういう人たちが求めているのはそこだと思いますね。

　われわれから見ても、食料価格の高騰は長期化、確実に構造化して

いるという印象は免れないと思っています。なんといってもBRICs諸国には世界人口67億人のうち30億人の人々がいます。もちろんそのなかの富裕層に限られるとはいえ、その食生活の変化とそれをまかなうための穀物の必要量を考えたとき、もともと農産物貿易量はわずかですから、これはどうやっても足りなくなると思います。

　だからたいへんだという話になるわけですが、ただし、いまいちばん割を食っているのが途上国の人々であり、この現実を忘れることなく国内自給という問題に取り組みたいということです。自給といっても自分たちさえよければいいという発想にはなりたくない。とはいえ自給力が低いということは、結局は途上国の人々の食べ物を奪ってくることになるということだろうと思います。生活クラブ生協はちょうど今年40周年ですが、この間、自給・循環をテーマにやってきたつもりですが、さらにそれを強めたいと考えています。

　その一環で、5年ほど前から産地と連携し飼料用米に取り組んでいます。大豆ばかり作付けていると連作障害を起こしますし、40％もの生産調整面積ですから、苦肉の策で輪作としての飼料用米という位置づけでもあったわけですが、当然のことながら食料危機が早晩来るという問題意識で始めたわけです。これに今後も力を入れたいと考えています。

◆**第一次産業に大打撃——漁業も苦境に**
村田　漁業の面からは今の食料問題をどう見ておられますか。
宮原　漁業の生産量から言いますと、昭和59年に1,280万トンと、米と同じような生産量がありました。ところが平成20年では570万トンと半減以上です。自給率は重量ベースで算定していますが、直近で59％です。水産基本法に基づく基本計画では70％に引き上げるというこ

とで、今、それに向かって取り組んでいます。ただし、農業と違って種を播いて作物をつくるということはなかなか難しく、天然資源をいかに再生産させていくかということを考えなければなりません。そこで資源回復計画として、日本国中で30種類ぐらいですがその回復を図っています。

　漁業は天然資源の動向で変わってくるので、われわれの力だけでは及ばないところがありますが、そのなかでも養殖に力を入れています。沿岸漁業の半分が養殖漁業です。

　一時期、養殖には安心・安全の考え方がまだ少なく、国民のみなさんから批判もありましたが、現在は信頼されるものでなければ受け入れられないということが浸透しています。養殖漁業の水準もかなり高くなり、天然魚に近づく養殖魚が生産できるようになる技術を確立し、世界にも伝えています。

　先ほど指摘があった途上国の食料問題にも関係すると思いますが、たとえば、チリの養殖ギンザケは日本の技術です。もともと南太平洋にサケはいません。始めは普通のサケのように南半球で回遊させようとしたんですが、残念ながら稚魚を放流しても戻ってこなかった。それで養殖をした。これがチリの養殖ギンザケのもとです。

村田　しかし、養殖漁業も飼料代の高騰という問題を抱えているのではないですか。

宮原　畜産と同じですね。魚類養殖ではエサ代がコストの70％を占めています。穀物価格が高騰したのに引きずられ、私たちにとってはフィッシュミールが高騰し、なかなか手に入らず養殖も大打撃を受けています。

村田　7月の全国漁業者の一斉休漁、これはすごいなと思いましたが、あの意志統一はどう実現したのですか。

宮原　実は、燃油高騰対策は平成17年から国にいろいろ手を打ってもらっています。その後、19年、そして今回と3回手を打ってもらっていますが、なかなか漁業者には効果があったという受け止めができなかった。

　そういうなかで国にばかり頼っていても仕方がないだろうという思いも出てきました。なぜ、漁業は経営的に難しいのかと考えてみると、農産物でも消費者価格に占める農家の手取りは40～50％ですが、われわれは何と25％、4分の1なんです。

　このままでいいのか、まず国民に漁業の置かれている実態を知ってもらおうと、そのためには何をしようかといろいろ考えたわけですが、油を使わなくてすむのは船を止めることだという発想で、オール水産として、漁業の歴史上初の全国一斉休漁に取り組みました。

◆価格転嫁が最大の課題だが……

村田　漁業者の手取りがそこまで低いというのははじめて知りましたが、この間の農村、漁村の現場は相当厳しい状況だということですね。

冨士　漁業と似ているのは農業では畜産ですが、生産費に占める飼料コストは酪農や肉用牛で5割、豚が6割、そして鶏が7割です。中小家畜になるほど高くなるわけです。この飼料コストが2倍になるということですから、非常に危機的な状況です。ただ、畜産の場合は配合飼料価格安定基金制度があるため、全部ではありませんが価格上昇分の何割かは四半期ごとに補てんされるというクッションの役目があります。とはいっても今までトンあたり4万円だったのが6万円程度と、平均して1.5倍の上昇ということですからたいへん苦しい。

　これを国の仕組みで守ろうといっても無理があるわけです。国の補てんでということになると膨大な財政負担になる。そうするとやはり

販売価格をどうするか、またコスト削減できるところはどこか、それらと合わせてセーフティネット、価格下落のための経営所得安定対策をどうするか、この３つを対策としてわれわれは考えています。とくにセーフティネット対策は発動基準となるレベルを上げ、従来だったら補てんされなかった価格水準でも補てんがされるような対策をということです。このように３つの対策を組み合わせて、経営所得を守り持続可能な農業を築いていくしかないと考えてます。

　このなかでいちばん難しいのが価格転嫁です。ここには畜種ごとに違うという問題もあります。酪農はブロック指定団体と乳業メーカーとの交渉というフィールドがありますが、現実に転嫁を実現するのは容易なことではありません。

　一方、食肉は市場でのセリですから需給事情で決まるわけで、コストが上がったからといってもそれが反映されません。どう価格転嫁するかは非常に難しい。これは野菜も果樹も同じですね。

　まして今まで価格は下がるのが当たり前で、上げるなんてことはまさにコペルニクス的転換ですから、これを消費者の理解を得て実現していくことは本当にたいへんですが、これがないと持続可能で将来も安定した農業経営にならないということです。

村田　価格転嫁の問題は消費者にとっては貧困問題でもあります。しかし一方、たとえば酪農家にとってみれば牛乳が水より安く売られているとは何事かということです。これはまともな価格ではないのだということも主張していかなければならないと思いますね。

2 食と暮らしを支える生産現場へのまなざしも協同の力で育む
―「世界の飢えを満たす協同組合」の役割を今こそ―

◆大型量販店の価格支配力が問題

加藤 牛乳については今年2008年4月1日に一律10円値上げし、一般的な班共同購入品で1リットル205円を215円にしました。当たり前の話ですが、これで生協としての荒利が増えるわけではなく、工場経営が厳しいので、その経費に回すということと、大半は酪農家の飼料代にということです。

一般的な取引をしている農家にとっては、何よりも大手量販店の価格支配力が決定的すぎるということが問題だと思います。ここをどうにかしないと生産者は泣くに泣けない事態が続く。冷凍ギョーザ事件で議論になった低価格の問題もここに絡むと思います。事件の因果関係としては食品テロということではありますが、なぜ中国の食品企業で単価10円というギョーザを製造し生協組合員に供給するのかといえば、やはり大手量販店と互角に勝負しようという日本生協連の路線があったように思います。

宮原 量販店との取引では4定条件というものがあります。「価格」、「数量」、「規格」、そして最後に「時間」です。これが水産の世界の大きな縛りになっていて、輸入水産物が約300万トンあり、日本の3分の1の価格で諸外国から仕入れてくるものが足を引っ張る。そして、どこの量販店にいってもトレーに入った同じような規格の魚が並ぶ。店で扱いやすいための規格です。

本来天然のものはいろいろなサイズがあります。それがひとつのサイズで、それ以外は扱わないということになってきています。この流

通を生産者側から変えていかなくてはいけないし、消費者に理解をしてもらわなければいけないことです。

加藤　私たちは北海道のある漁協と提携し、地域の浜にはいろいろな魚が揚がるわけですから、魚種は指定しないで獲れたものを箱につめて消費地に送るという、やや乱暴な取り組みをしましたが、こういうことも必要ではないかと思います。

◆水田農業の立て直しが食料安保に不可欠

村田　第一次産業は厳しい環境にありますが、日本で自給率を向上させ食料安保を実現するには、やはり水田農業が柱になります。生活クラブの取り組みをもう少し説明してください。

加藤　私たちが庄内地方で取り組んでいる飼料用米の取り組みは、2008年の作付面積は315haですが、ただエサ米を作ってくださいといっても生産者は作るはずはないですよね。産地づくり交付金で助成しても、とてもそれで生計を立てていくということはありえない。やはり主食用米の価格がきちんとしていなければできないということだと思います。

だから、主食用米が数量も含め米価が維持されるということが根本に置かれなければ自給率向上なんてあり得ない。それがなければ生産者にとって水田フル活用なんて、おとといおいで、みたいな話になってしまいます。

それでもわれわれがなぜできたのかといえば、それは平田牧場という豚肉の生産者が近くにいたという地理的な要因も大きかったですが、山形県の遊佐町で作っている19万俵のうち10万俵強を生活クラブ生協の組合員が食べているわけです。しかも1俵1万6,100円を支払っています。主食用でその価格を支払うことで、飼料用米の生産も実現で

きたと考えています。

　飼料用米の施策が日本で一般化するかどうかが課題ですが、生活クラブは特殊で変り者だからできるんだとよく言われます。しかし、その変り者が現実に315haの飼料用米を作付けしてもらっているわけですから、ここを政治が後押しすれば一般化できるのです。その根っこにあるのは、価格、つまり農家の所得問題です。そこをしっかり支えなければ自給率向上といっても絵空事になってしまう。

村田　米について考えると、政府が主穀の管理に責任を持たねばならないということです。米生産のセーフティネットをなんとか回復させなければ自給率向上は実現できないということだと思いますね。

冨士　とくに水田農業の場合は、計画生産、つまり生産調整をどう考えるかを抜きにしては米価の安定は考えられないわけで、そこをどうリセットし仕組みを考えるのか。転作率は4割ですから、6割の主食用米の部分が安定しないと経営が成り立たない。生活クラブ生協の取り組みのように1俵1万6,100円で安定しているのであれば、農家の経営の考え方も違ってきますよね。同時に4割の部分をどういう方向に持っていき、どう下支えするのか、そういう戦略性と経営安定のための財政支援をきちんと考えなければならないと思います。

◆**長期政策と目標を示せ**

冨士　以前は政府米が下支え機能を持っていたわけですが、食管制度から食糧法になって全量政府買い入れはなくなった。備蓄は100万トンですが、毎年100万トン買うわけではない。買うのはたとえば20万トンなどと、売れた分しか買わないわけです。米全体は400万トン流通しているなかで、政府は10万～20万トン買ったり売ったりしているだけです。そういうなかで生産調整はやってもやらなくてもいいとい

う世界になったわけですが、これをなし崩し的に進めてきた経緯がある。

　ですから改めて主食である米を安定させるために、生産調整の仕組みをもう一度考え直さないとうまくいかないのではないか。転作率も３割程度であればブロックローテーションでうまく回るわけですが、３割を超えると無理が出てくる。しかも大豆をがんばって作付けしても今度は連作障害が出る。そうなると飼料用米を転作作物に入れないと解決しない。そこで稲系での転作、飼料用米、米粉といったものを入れないと４割を超える生産調整を維持できないわけです。

　こうしたことについて、きちんとした支援の手だてが必要ですし、食料自給率50％を目標というなら、２年後には何十万トン、３年後には何十万トンという目標を示し、それに対して10ａ当たりいくらという助成をするという具体策を示して取り組んでいく必要があると思います。

加藤　いちばんの問題は、飼料用米の取り組みにしても長期的な展望がもてることが大切で、これが見通せなければ、担い手の育成だといっても難しいのではないでしょうか。これが重要です。自給率50％を掲げるなら、それを達成するまで国なり政治が制度で支える必要があるということを言う必要がどうしてもあると思います。

宮原　われわれにとっても農業がしっかりしてもらうことが基本です。漁業はどうしても副食品です。米を食べてもらわなければ魚も食べてもらえないという相関関係がありますから。農業がしっかりしてもらわないと漁業も成り立たないというまさに一心同体なんです。そういう意味でも長期的なグランドデザインを示して、農業、そして漁業、林業を考えるということが必要で、それをしないと国の基本を誤ることになる。

◆協同組合の総合性の発揮

村田 さて、ご指摘のような課題があるなかで協同組合がどういう役割を果たすべきかというテーマについて話し合ってもらいたいと思います。

　ところでICA（国際協同組合同盟）の1980年レイドロウ報告は、70年代の食料危機をふまえて、協同組合運動がそれとどう闘うかという問題意識を掲げていたわけですが、今、まさに食料危機が叫ばれるようになっていますね。そのレイドロウ報告では、日本の総合農協を非常に高く評価しています。日本の農協の総合性に学ぶべきだと言っていることに改めて注目し、農協は地域でどう総合性を発揮するかが課題になると思います。

冨士 協同組合は人の暮らし全体を起点にし、暮らしに必要なことは協同組合で取り組もうということですから、ある部分だけ切り取ってそこだけ効率的であればいいということにはならない。人の暮らしが全体として豊かになることが課題であって、総合性が重要になるし、それが原点でもあると思います。

　とくに農村では、たとえば販売事業だけ切り離しても成り立たず、やはり購買も、信用、共済も事業に組み入れて地域で暮らす人の全体を支えることによって農協運営の安定も成り立つということです。

　改めて考えたいのは、人が生きるうえでは、何をやって生きていくかという職業選択、どこで生きるかという地域の問題、そして何を食べて生きていくのかということが大きな問題となると思います。この原点に応えるのが協同組合であるとすれば、今は協同組合間の連携を強めていくことが改めて重要になっていると思いますね。

　さらに言えば、私は産業組合に戻ってもいいと思っています。農協や漁協、森林組合と分かれていないで、たとえば、静岡県天竜川産業

組合として、山から川、農村地帯、そして海までと流域全体でひとつの協同組合が運営するというようなことです。
加藤　私たちも統一協同組合法が必要だと主張しています。
村田　生活クラブは、「生産する消費者」という言葉を使っていますね。まさに生協に何が求められているかを象徴するような言葉だと思います。

◆**生産現場に関わる消費者との連携も重要に**
加藤　生協組合員として、ただ単にお金を払って安心・安全だけを評価してそこにとどまっていればいいのか。実はヨーロッパでは、それでいいのだと言われました。数年前にイタリアに行ったとき、われわれ生活クラブは牛乳工場を3つ経営しているとか、養鶏場もあって50万羽飼っているなどと説明したら、そんなことをやっているのは生協ではない、生産は生産者に任せて生協はそれをチェックするだけでいいと言われました。

　それに対して「生産する消費者」というのは、われわれは素人だけれどもやはり生産現場に踏み込むと。しかし、踏み込んだ以上は責任を持って責任消費の観点で努めを果たすというような意味合いです。大型量販店の価格支配力を問題にしましたが、結局は生産と消費が分断されて、その間の流通業者の力が強くなってしまって、お互いの顔が見えるどころか意思疎通もないような状態になってしまったわけですね。

　このあり方が最大の不幸だと思います。ですから、生産現場に踏み込むという生協運動であることがいちばん重要だと思います。それは、分かって食べる、ということを大事にしたいということでもあります。「素性の確かなものを適正な価格」で、というのが生活クラブの共同

購入のモットーです。どうしても「より良いものをより安く」という論理になりがちですが、それでは組合員はお客さんでしかない。一方、「素性が確かなものを適正な価格で」という原則を貫きたいのは、組合員にそれを考える主体になってもらうこと。これが協同組合の原点だと思いますし、協同組合教育と言っていいかもしれません。そこを大事にしないで、ただ安全・安心なものをと言うだけなら私たちがめざす協同組合運動とは違うということです。

宮原 私たちは、消費者に目利きになってもらいたいと思っています。消費者は目利きであるということを思って生産することを、現場では重視しています。

　それから協同組合の役割でいえば、漁村集落では協同組合が中核になっています。地域社会にとって協同組合がなければその地域をだれが引っ張っていくのかということです。漁協は大体組合員数1,000人以下ですが、その地域のなかでは大きなウエィトを占めています。事業だけではなく、漁村の伝統を守る祭事なども漁協が中核になってやっている。地域社会にとって協同組合は不可欠だと思っています。

　こうした日本型の漁協がいいかどうかは別にして、これから発展途上国では協同組合が相当重要な役割を果たすと思っています。ICA組織のなかの漁業委員会の事務局は全漁連がしていますが、いろいろな国から協同組合を発展させるためのノウハウを学びに来ます。漁協を地域に根づかせることによって、地域住民の生活向上につながる、それが地域社会の安定につながるということで、総合力を持つ協同組合として育成していくべきだという研修を行っています。そういう意味では途上国の地域経済に寄与していると思っています。

加藤 内外の食料事情をふまえれば、やはり1980年の「西暦2000年における協同組合」で第一優先分野とされた「世界の飢えを満たす協同

組合」、このテーマに立って協同組合間でいろいろな協議ができるような場をこれからつくっていくべきだと思います。それから国際貢献的な問題でも、せっかくであれば日本の協同組合として、ひとつになってやればいいのではないかと思います。

冨士 ただ、一方で改めて考えると、協同組合の危機ではないかとも思います。たとえば、身近な例ですが、全中などJAグループに就職したいという学生たちは農業や食料の安全性などについては語りますが、協同組合については語らない。そういう意味では世の中には個人と法人があり、法人には株式会社以外になぜ協同組合があるのか、何が株式会社と違うのかについての思いが少ないと感じています。

　もうひとつは、経済財政諮問会議が農協をはじめとした協同組合を分離、分断させようとしていることです。日本の地域社会を考えれば、今日も話題になったように総合性を持った協同組合でなければ地域住民を守れないわけです。ところが、信用事業、共済事業を分離しろというのはまさに株式会社の論理です。つまり、協同組合の持っている人の暮らしの総合性を否定している。こういう圧力があるわけで、総合経営の協同組合というものを守らなければいけない。その意味でも協同組合セクターが連携、協同していくことが大事だということではないか。

　それからわれわれはアジアとの連携も重視していますが、たとえば中国の農村でも、日本の農協に学べという動きがあります。アジアの途上国は人口の6割、7割が農民なわけですね。そういう国は協同組合をつくっていかない限り、第一次産業の人たちは豊かにならないということだと思います。貿易を自由化したからといって豊かになるわけではない。協同組合が地域を支えていくという取り組みをアジアで広げるための連携も重要になっていると思います。

村田　人間の基本的なあり方として、何を仕事とし、どこに住み、何を食べるのか、そこに協同組合の役割の重要性があるとの指摘がありましたが、まさにそれが協同組合と食料安全保障という課題でもあるのではないかと思います。長時間、ありがとうございました。

座談会を終えて

　「自給率向上目標50％をめざす」という総論だけの政府は、具体的にそれをどう実現していくのか。とくに主穀である米の需給管理と生産者米価支持、転作など各論での具体的かつ長期の目標の提示が求められていることについて、座談会では共通の認識が示された。全漁連の宮原専務理事の言葉をお借りすれば、長期的なグランドデザインを農林水産業全体に示すことがないと、まさに国の基本を誤ることになるのである。

　そのなかで、協同組合は、1980年のレイドロウ報告をよみがえらせ、人の暮らしの総合性にふさわしい協同組合の総合性を発揮すべく、協同組合セクターの連携と共同が求められることが理解されるのである。私は、この座談会で、農協・漁協・生協運動のなかに「高い志」を失っていないトップが存在することに大きな共感を覚え、また喜びを感じることができたのは何よりであった。（村田）

（2008.10.27）

Ⅱ　現代の『論争書』で読み解く食と農のキーワード

日本農業の危機を打ち破るキーワードを探る

　農政学徒を以て任じてきた私が、常日頃、忘れないように、そしてそうありたいと願ってきたものは、ドイツの社会学者・経済学者であったマックス・ヴェーバー（1864〜1920年）が、『職業としての政治』（脇圭平訳、岩波文庫）の最後で語っている次のような言葉です。
　「政治とは、情熱と判断力の二つを駆使しながら、堅い板に力をこめてじわっじわっと穴をくり貫いていく作業である。…（略）…自分が世間に対して捧げようとするものに比べて、現実の世の中が―自分の立場からみて―どんなに愚かであり卑俗であっても、断じて挫けない人間。どんな事態に直面しても『それにもかかわらず！』と言い切る自信のある人間。そういう人間だけが政治への『天職（ベルーフ）』を持つ。」
　国内外、何が起こっても驚いてはならないようです。そして、わが国では、農業問題が世の政治家にとっては鬼門以外の何物でもないことをあからさまにしています。しかし、それを「しょうがない」として、手を拱いていては、日本農業の危機打開は困難です。
　さて、1980年代に始まった現代グローバリゼーションは、わずか四半世紀をもって、新局面に入りつつあるようです。現代グローバリゼーションは新自由主義とIMF・WTOを拠りどころにした多国籍企業の世界支配と一体のアメリカ一国覇権主義（パックス・アメリカーナ）をその基本的な内容としています。ところが、いたるところでそれが

綻んでいるのです。

　IMFが途上国に押しつけた新自由主義的経済構造調整は、いずれも大失敗でした。WTOはガット・ウルグアイ・ラウンドが先進国主導で妥結されることで創設されましたが、今や加盟国の多数派となった途上国は先進国の横車を許さなくなっています。つい先だって2007年7月に出されたドーハ・ラウンド農業交渉を決着させるためのファルコナー議長案を見てもそれがよくわかります。WTOの存在を掛けての農業交渉議長の悲鳴が聞こえてくるようです。アメリカは自国の思い通りにならなくなったWTOではなく、二国間主義（FTA締結）に活路を見出そうとしています。ブッシュ政権は、途上国の要求に妥協してまでドーハ・ラウンドを決着させるという意欲も国内政治における力も失っているからです。だからといって、アメリカのわがままを第一にして、輸入国の国内農業にさらなる犠牲を求めるようなドーハ・ラウンド決着が許されてはなりません。

　イラク戦争の泥沼に足を取られたアメリカの新エネルギー政策（トウモロコシのバイオエタノール化）、そして急成長する中国のエネルギー・農産物の大輸入国化、それを追うインド、ここにきて一次産品はデフレ局面を完全に脱しました。グローバリゼーション下の世界の政治経済は新たな局面に入りつつあります。

　この時代の変化をどう捉えるか。冒頭で引用したマックス・ヴェーバーの言葉に励まされつつ、私に与えられたコラム欄で読者のみなさんといっしょに考えるにはどうすべきか。思いついたのは、主に現代の農業食料問題を解くうえで重要な鍵となる語、つまりキーワードに取り組んだ著作やレポートを一冊選び、それを紹介しつつ、キーワードを読み解くという方法です。キーワードの選択は、世界農業食料問題を第一の専門分野とする私の判断によるものです。

いま、取り上げたいキーワードは、「食料自給率」、「バイオエタノール」、「メイド・イン・チャイナ」、「フード・ポリティクス」、「ファミリー・ファーム」、「フェアトレード」、「スローフード」、「エコ・ツーリズム」、「コンパクトシティまたは脱都市化」、「直接支払い制度」、「農政改革」、「消費者利益」、「格差社会」、「新帝国主義」などです。このなかから、また執筆途中で浮上するであろうものから、10のキーワードを選びます。みなさんには、「え？　それがキーワード？」と思われる語があるかもしれませんが、乞う、ご期待です。

1　食料自給率

農林水産省編
『食料・農業・農村白書　平成19年版』

　「世界の食料需給が中長期的にはひっ迫する可能性が指摘されるなかで、栄養不足人口を多くかかえる国や食料の多くを輸入に依存する国は、自国の農業生産の持続的な発展を基本とし、食料の安定供給を図る必要がある」

　この文は、農水省編『食料・農業・農村白書』の平成19年版（以下では、単に『白書』とします）第Ⅰ章「食料自給率の向上と食料の安定供給」で述べられているものです。

　え？　何で『白書』が、村田のいうキーワード「食料自給率」に関する論争書なのかと、怪訝な顔をされるかもしれません。農水省は、上に引用した文章をこれまでも事あるごとに書いており、農水省にしてみれば、「食料・農業・農村基本法」第15条にもとづく「食料・農業・農村基本計画」（平成12年から10年間とされた「基本計画」は、17年からの「新たな基本計画」に改訂された）の指針、したがって農政課題の主眼たる食料自給率の当面45％への回復に全力を挙げて取り組むことが省に課された課題であり、『白書』はそれをしっかり反映したものでなければならないということでしょう。そうでなければ、農水省は法に照らして不作為の罪を問われかねません。以下では、私が

「食料自給率」が日本農業の危機を打ち破るうえでのキーワードのひとつであると考え、平成19年版『白書』をそれに関する論争書だとする背景をみます。

◆自給率向上対策を放棄した構造改革農政

さて、『白書』巻頭言は故松岡利勝大臣の名によるものですが、そこでは「近年、世界経済のグローバル化が急速に進展するなかで、開発途上国の経済発展やバイオ燃料生産の拡大などを背景とした世界の食料事情の変化、温暖化防止など地球規模での環境問題に的確に対応することが求められて」おり、「本年度の白書では、……**食料自給率の向上や食料供給力（自給力）の強化に焦点を当てる**」としています（ゴシックは引用者による）。そして、食料自給率の向上がもつ意味について、「現在の食料自給率の水準は、今日の食生活を反映したものであり、直ちに不測の事態における国内農業の供給力の程度を示すものではない。しかしながら、食料自給率は、国内の農業生産が国民の食料消費をどの程度賄えるかについて評価するうえで有効な指標であり、その向上を図ることは、持続可能な国内生産を維持し、国民の生存に不可欠な食料を安定的に供給するという食料安全保障を確保するうえで重要である」と強調しています。

ところが、アメリカや経済界の要求に応える小泉内閣以来の構造改革農政は、この「食料自給率の向上や食料供給力（自給力）の強化による食料安全保障確保」という国民の多数がしごく当然と思う農業・食料戦略を放棄する動きを強めています。

そのきっかけになったのが、経済界が要求した日豪EPA（経済連携協定）でした。日本経団連の言い分は次のようなものでした。

すなわち、日本と豪州の関係は、日本が主に天然資源と食料を輸入

し、豪州が自動車・機械など工業製品を輸入する相互補完的な関係にあり、豪州の石炭・天然ガス・鉄鉱石、それに牛肉などはわが国産業や消費生活に不可欠である。ところが、中国が豪州とのEPA交渉を開始している。もし日豪に先んじて中豪FTAが締結され、それに豪州から中国への天然資源・食料の安定供給に関する条項が盛り込まれることになると、わが国の安全保障に影響が及ぶことも懸念される——。経済界は、豪州資源の中国との奪いあいという対中国危機感を煽ったのです。

　そして、食料資源に関しては、「牛肉、乳製品、麦、砂糖などわが国農業の主要品目が急激な自由化により豪州との競争にさらされると、現在、進めている農業構造改革は頓挫しかねない」ので、「農林水産品分野のセンシティビティには十分配慮する必要がある」としつつも、本音は、「日豪EPAによって、食料に関する輸出制限の禁止」を豪州に約束させることができれば、わが国の食料安全保障に寄与することが期待できるというものでした。マスコミの多くもこれを応援し、「国内産業への影響を恐れて、日本が交渉をためらっていてはだめだ。……各国と友好関係を築くことで、国内で作っていては割高になる品目を安定的に輸入できるようにする。それが食料の安全保障の基本だ」と政府の尻を叩きました（「朝日新聞」06年12月7日の社説「農業改革で乗り切れ」）。

◆農水省の存亡を賭けた「白書」

　このような圧力に押されたのか、またはうまく利用しようと考えたのか、経済財政諮問会議を押し出しての小泉構造改革路線を継承するとした安倍内閣は、農業改革を農水省には任せておけないと考えたのでしょう。首相が本部長を務める「食料・農業・農村政策推進本部」

は、06年4月の「21世紀新農政2006」に続いて、07年4月には「21世紀新農政2007」を決定し、「攻めの農政」の視点に立った国際戦略の構築と、国内農業の体質強化に向けた取り組みをスピード感をもって推進すると意気込んだのです。

「21世紀新農政2007」の基本戦略は、まずは輸入の安定と、そのためにも国際協力等を通じて世界の食料の安定生産・供給に貢献することで、わが国の食料安全保障を得るというものです。ここには、「食料自給率の向上や食料供給力(自給力)の強化」は、まったく無視されています。食料自給率ということばがよほどいやなのでしょう。まったく登場しないのです。

さらに、経済財政諮問会議に、「グローバル化改革専門調査会EPA・農業ワーキンググループ」が07年1月末に設置されました。このワーキンググループは、さっそく農水省に対して、国境措置を撤廃した場合の国内農業等への影響について試算するよう求めました。ところが、農水省が発表した計算結果は、何と「カロリーベースの食料自給率が40％から12％に低下する」という深刻なものでした。これについては、委員の一学者から「12％でも上出来だ」とする類の居直り発言があったとする議事録が公表され、農業関係者の激しい怒りを買うおまけまでついたのです。

ここまでくれば農水省も黙ってはおれなかったでしょう。繰り返しますが、私が、平成19年版『白書』がその冒頭で「食料自給率」問題を論じたことを、農水省の存亡を掛けるという意志が働いたからだとみたのは以上のような事情があったからです。

最後に、ふれておきたいことがあります。それは、わが国の食料自給率向上という国政は、WTOやEPAの自由貿易主義では時代錯誤とみなされがちですが、これは、第2次世界大戦後の国際社会において、

国連規約のなかで確認された人権に関わる問題なのです。1966年の第21回国連総会は、「経済的、社会的及び文化的権利に関する国際規約（社会権規約）」を採択し、76年に発効しました。わが国は78年5月に署名、翌79年6月に国会承認、9月21日に発効しています。この「社会権規約」第11条〔生活の権利、飢餓からの自由〕の第2項は、すべての者が飢餓から免れる基本的な権利を有することを認め、その(a)では、各国が食糧の生産、保存及び分配の方法を改善する措置をとるべきこと、そして(b)では、「食糧の輸入国及び輸出国の双方の問題に考慮を払い、需要との関連において世界の食料の供給の衡平な分配を確保すること」とあります。

　「食料自給率の向上」は、近年世界的な運動の拠りどころとなっている「食料主権」とともに、この国連「社会権規約」を基礎にした人権擁護をめざす国際社会の公正基準に適うものです。第11条の条文をすべてここに引用する余裕がありません。ぜひ一度、この第11条を含め、「社会権規約」を読まれてはいかがでしょうか。

2 「消費者利益」または「消費者主権」

ジョン・K・ガルブレイス著
『悪意なき欺瞞―誰も語らなかった経済の真相―』

◆消費者という存在

　中国産冷凍ギョーザの有機リン系農薬「メタミドホス」中毒事件が、輸入食品依存の「食」の危うさを浮き彫りにしています。食料自給率39％という数字の持つ意味がいかなるものかを、国民にいっきょに突きつけたともいえるでしょう。野坂昭如氏は、これまでも一貫してわが国が食料輸入大国であることに警鐘を鳴らしてきましたが、毎日新聞のコラム「七転び八起き」（連載第22回、08年2月11日）で、「輸入頼り黙認の危うさ」と題して、「生産者と消費者の距離が遠すぎる。本来、島国は自給自足が筋。自分の国の食べ物を大事にしろ」と訴えています。まったく同感です。
　ところで、農薬中毒を起こした冷凍ギョーザが、何と日本生活協同組合連合会（日本生協連）傘下の生協の人気商品「CO・OP手作り餃子」であったことが、たいへんな衝撃を広げています。生協は、「安全安心な食」を掲げて組合員を結集してきたからです。大学生協や地域生協の理事の経験のある私には、「それ見たことか」と言う資格はありません。しかし、スーパーマーケットとの安値競争に勝ち抜くに

は安価な海外商品の調達が避けられないとして輸入に走ってきた生協陣営は、この冷凍ギョーザ中毒事件で、実は「安全安心」を担保するシステムを確立してはいなかったこと、海外商品はそもそも「安全安心」を100％担保することはできない事業であったことを、まず組合員に謝罪しなければなりません。

　日本生協連には、つい先ごろ、すなわち2005年４月に発表された「『農業・食生活への提言』検討委員会答申」（委員長・山下俊史日本生協連会長）という、たいへん物議を醸した提言文書があります。というのも、この検討委員会には、農水省の食料・農業・農村政策審議会企画部会長で構造改革農政の「品目横断的経営安定対策」をまとめあげた生源寺眞一東大大学院教授が加わっていました。

　そして、何とこの文書は選別的構造改革農政を支持するとし、WTOの自由貿易体制のもとでは高関税の低減はもはや避けられない国際的潮流である。消費者としては、財源の投入により農業者を支援する政策の展開にあたっては、高関税の低減による内外価格差の縮小を求めるとするものであったからです。これは日本生協連傘下の多くの生協に対して、海外商品事業に活路を求めるようリードするとともに、それを理論的にバックアップする戦略的文書でした。そして、そのような理論武装をしたうえで突っ走ってきた事業戦略であるだけに、今回の冷凍ギョーザ中毒事件という痛い目にあっても、「目を覚まし、初心に帰ってほしい」という生協組合員の声においそれとは応えられないでしょう。

　問題にしたいのは、日本生協連の主流が80年代に始まるグローバリズムを消費者の利益と捉え、海外商品事業の展開で、安価な輸入品も含めた商品の選択性を確保することは消費者への保証であり、消費者利益にかなうことだとしてきたことです。

そこで、取り上げたいキーワードが「消費者利益」または「消費者主権」です。

◆「消費者主権という欺瞞」

つい最近、2006年4月に亡くなったジョン・K・ガルブレイス（ハーバード大学名誉教授。1908年カナダ生まれ）が、最晩年に執筆したコンパクトな著作に、『悪意なき欺瞞―誰も語らなかった経済の真相』（佐和隆光訳、ダイヤモンド社、2004年刊。原題を直訳すると『悪意なき欺瞞の経済学・われわれの時代の真実』）があります。ガルブレイス教授は、わが国では『ゆたかな社会』(58年)、『不確実性の時代』(77年)など数多くの著作が翻訳され、アメリカを代表する制度学派のリベラル経済学者として多くの読者を得ています。

この『悪意なき欺瞞』を取り上げるのは、そこに「消費者利益」ないし「消費者主権」についてたいへん示唆的な指摘があるからです。この本の意図するところは、経済学の通説と現実の間には深い溝があること、その中心問題は、「企業と企業経営者が現代経済社会を統治しているという現実」を暴露することです。

ガルブレイス教授が問題にしているのは、誰が「市場における本当の主役」であるかです。教授は、「消費者主権、すなわち消費者が何を買うかの選択こそが、資本主義経済を動かす根本的な動力源に他ならない」とすることは、まさに「悪意なき欺瞞」だといいます。

アメリカでは19世紀末に独占企業が成立し、商品を独占価格で供給するようになると、消費者の選択が入り込む余地はまったくなくなり、独占にどう対処するべきかが、したがってアンチトラスト法と呼ばれる独占禁止法が、一時期、最大の政治的関心事となったといいます。しかし、その後の経済成長で企業の新規参入が活発になるにつれて、

独占への関心がすっかり薄らぎ、「独占資本主義」という言葉が姿を消し、経済学教科書には、いまや消費者は主権者であって独占資本の支配下にあるのではないと書かれるようになったというのです。ところが、教授がいうように、現実はそれほど単純ではありません。消費者に対しては、広範かつ巨額を投じての「実効性あるコマーシャル・メッセージが、市場を操作することを狙ってメディアに登場」します。「消費者主権」などというのは、「企業と企業経営者が現代経済社会を統治しているという現実」、そして「企業自身のできること、必要とすることに、人々の嗜好を適合させてゆく力を備えた」企業によって「消費者はコントロールされる存在」にすぎないことから目を逸らさせる欺瞞に他ならないと厳しく指摘します。

　アメリカでは60年代に自動車会社の安全軽視を糾弾したラルフ・ネーダーの消費者運動がきっかけになって、消費者主権のバイブルといわれる「ケネディ教書」が、(1)安全である権利、(2)知らされる権利、(3)選択できる権利、(4)意見が聞かれる権利、の４つの権利を消費者に認めました。これはわが国の68年の消費者保護基本法の制定にも影響を与えたものです。だからといって、80年代になって「消費者ニーズ」ということばが幅を利かせるようになったこととあいまって、あたかも消費者が市場の本当の主役であり、保護されてしかるべき存在だと誤解して、企業との闘いを放棄してよいわけではなかったのです。ガルブレイス教授が遺言のように書き残したのは、「私利私欲の飽くなき追求を旨とする企業システムの支配、これこそが21世紀の基本的な事実」であり、イラク戦争もまさにそれがもたらした災厄であって、企業システムとの闘いを私たちに求めることだったのです。

　さて、冒頭で取り上げた日本生協連の提言が罪深いのは、政府の国内農業・農業者への力ずくの選別と構造調整政策に対して、農業生産

者と消費者の連携なり同盟をもって対抗するのではなく、農業に構造調整のための財政支出をするなら、関税を低減させて食料の内外価格差を縮小させる、すなわちより国際価格に近い安価な食料を消費者に寄越せと要求していることです。それは、必然的に国内農業生産者の出荷価格を引き下げさせよという要求になります。独占企業商品の値下げではなく、すでに輸入農産物の圧力のもとで価格低下に苦しむ農家、すなわち小商品生産者の商品である農産物とそれを原料とする加工食品の価格引下げの要求です。私は、これは何とも見苦しい「その日暮らし消費者」のグローバリズムと構造改革路線への屈服とみます。私は、生協陣営は今でも消費者運動の一翼を担う存在であると考えています。わが国において、「消費者利益」とはいかなるものであるべきか、消費者運動は何をめざすべきかについての深刻な議論が求められます。

3 「食生活ガイドライン」または「食事バランスガイド」

マリオン・ネスル著
『フード・ポリティクス―肥満社会と食品産業―』

◆肥満社会の克服

　2008年4月に特定検診制度（メタボリックシンドローム―内臓脂肪症候群―の概念を応用しての糖尿病などの生活習慣病に関する健康診査）が始まりました。また05年に食育基本法が制定され、「食育」への関心を広げるためもあってか、農水省・厚労省合作の「食事バランスガイド」を目にすることが多くなりました。

　それは、何をどれだけ食べたらよいかを主に料理で示す方式で、上からより多くの摂取が望まれる主食、主菜、副菜の順に重ね、その下に並列に牛乳・乳製品と果物を位置づけた5区分のコマ（独楽）型です。食事療法による摂取カロリーの適正化と脂肪燃焼を促す運動療法で生活習慣を改善することがめざされるので、回転すなわち運動しなければ倒れるという不安定なコマに託して国民へのメッセージを伝えようというものです。不安定なコマ型とは、相当に意地悪な人の思い付きでしょう。

　いずれにしろ、わが国では摂取カロリー適正化と運動の必要性を啓蒙することが何らかの圧力にさらされることはありません。それこそ

無邪気に政府も栄養学者も医師も公然と語れます。ここでは、食料自給率39％と格差社会化・貧困の広がりもとで、この「食事バランスガイド」の実現が容易なことではないことについてはふれません。問題にしたいのは、国民の食生活や栄養問題に早くから取り組んできたアメリカでは、肥満社会の克服はわが国におけるほど牧歌的ではないということです。

◇　◇

　ここで取り上げるのは、ニューヨーク大学教育学部の栄養学教授マリオン・ネスルの『フード・ポリティクス─肥満社会と食品産業─』（三宅真季子・鈴木眞理子訳、新曜社、2005年刊）です。原著の副題は、「食品産業は栄養と健康をどのように支配するか」です。
　彼女によれば、アメリカにおける連邦政府の食生活改善についての国民への助言は、「もっと食べよう」という栄養の欠乏の予防をめざすものであった1960年代まで（農務省の低所得者への食品購入援助クーポン「フードスタンプ制度」が始まったのも60年代）から、70年代には慢性病の予防のために「食べる量を減らそう」に大きく舵を切るものになりました。立役者となったのは、ジョージ・マクガバン上院議員（民主党）が委員長であった「栄養と人間のニーズに関する特別委員会」でした。この委員会が77年に発表した「わが国の食生活の目標」は、炭水化物によるカロリー摂取を55〜60％に増やす一方、脂肪をカロリーの30％に減らすなど、全体として食べる量を減らすべきだとしました。
　興味深いのは、この「食べる量を減らす」という提言が大騒ぎを引き起こしたことです。すでに食品の過剰供給と激しい競争下にあった食品業界が激しく反発したのです。その後の、例えば80年の「アメリカ人のための食生活ガイドライン」（農務省と保健福祉省）や92年の

「食品ガイド・ピラミッド」(農務省)など、何よりも脂肪の摂取減を目的に肉類の消費を減らすことを啓蒙したい連邦政府の活動は、ことごとく食品業界の激しい抵抗に遭います。農務省にとってやっかいであったのは、「農務省の二つの責務、すなわち農業を保護する責務と、食生活と健康について国民に助言を与えるという責務が利害の衝突を生み出した」ことにありました。世界一の農業生産力と企業的農業、アグリビジネス多国籍企業が食品産業を押えるアメリカならでの悩み、悲劇でしょう。ネスル女史は、「この問題は、食品産業界の利益との結びつきが小さい機関に農務省の教育機能が移されるまで解決しないだろう」とみています。

◆業界の抵抗

食品業界が抵抗した問題の中心は、「食べる量を減らそう」という政府の助言のポイントが、脂肪の取りすぎの原因である食肉や、典型的「ジャンクフード」(カロリーが高い一方で栄養的価値が極微の食品)であるソフトドリンクの消費を減らすことにあり、食品ガイド・ピラミッドが「食物の選択が序列的でなければならず、一部の食品群が他の食品群より望ましいということ」を明確に示したことにありました。

◆食の企業支配

著者は、アメリカにおける食生活改善(健康を促進する食生活)の基本問題が、「植物性の食品をもっとたくさん食べて、動物性の食品と加工食品を減らそう」ということにあり、食生活の助言はこの50年間基本的に変わっていないのに、国民の多くが混乱させられているのは、連邦政府が業界の圧力に屈して、「もっと食べる量を減らそう」というメッセージを婉曲にごまかしたガイドラインを作ってきたこと

にあるとします。その証拠というべきでしょうか、原著が出版された02年以降の最新の「食生活ガイド・ピラミッド」は05年版「食生活ガイド・マイピラミッド」ですが、そこでは食品群を横割りにし階層的序列を明確にしていたピラミッドが消されて、食品群を縦割りにして階層的序列を見えなくした、すなわちピラミッドとは名ばかりのものに変えられています。

　本書のすごさは、食品業界が栄養学の専門家を味方につけたり、大学の学科を買収したり（カリフォルニア大学バークレー校の植物・微生物学科とスイスの製薬多国籍企業ノバルティス社の関係がでてきます）、名誉毀損で訴えるなど強硬手段をとったり、子どもへのテレビ広告、学校給食事業の企業による買収や学校でのソフトドリンク販売権獲得競争、サプリメント業界の規制緩和要求など、今日のアメリカにおける食をめぐる企業支配の実態を赤裸々に暴露していることです。

　「食べ物の選択の社会環境を変化させよう」という著者の主張は明確です。「食品会社が私たちに与えている影響を忘れてはならない」のであって、食は個人の自由な選択の問題だとして、「食生活ガイドラインを守るよう国民を強制することは、実行不可能な全体主義的アプローチ」だと攻撃する業界に対抗して、一部の食品群の摂取を制限したり、ジャンクフードを学校から追放したり、食品のラベル表示をもっと明確にしたりすることを求めます。そして彼女が呼びかけるのは、「食の選択の倫理」であって、健康的な食生活を選ぶこと、そのように人々に助言することは善い行いであり、「食の倫理的規範」にかなっているということです。栄養学者のガッソウとクランシーの主張である「資源集約的で、カロリーが高く、栄養価が低い多数の食品を、それが必要でなければ買う余裕もない人々や、広告と教育の違いを理解できない子どもに販売することは食品会社にとって倫理的か。

平均的な食べ物が人々の口に入る前に何千キロも旅するような『季節も地域もない』食生活を促進するのは、倫理的にどのような意味をもつだろうか。そうした食生活は、自然の資源を無駄にし、農薬、エネルギー集約的な肥料、防腐剤、ホルモン剤を大々的に使うことを必要とし、発展途上国の人々に自分たちのためではなく輸出するために食料を生産させる。……しかしわれわれは、消費者が食品選択の手助けを必要としていることも認識しなければならない。食品業界のどこかに経済的な破滅を引き起こすことなしに、より良い食生活を選ぶ手助けをする方法は存在しない」を肯定的に引用しています。そして最後に、公共政策や企業政策では、「食べる量を減らし、もっと体を動かそう」という大規模全国キャンペーンなど教育分野、食品のラベル表示の改善・広告制限、医療と訓練、税制（ソフトドリンクなどジャンクフードに地方税や連邦税を賦課して、食生活改善運動の資金にする）などを変更すべきことを提案し、さらにわれわれは一人ひとりが「毎日の食による意志表示」をすべきであるとします。税制では、ソフトドリンクなどジャンクフードに地方税や連邦税を賦課して、食生活改善運動の資金にすべきだとする提案には、思わず拍手したくなりました。国際的なスローフード運動も著者は評価しています。

　著者ネスル女史の勇気ある発言に感銘を受けるとともに、食生活改善をめざす研究者の発言や運動がこれほどの勇気を必要とするアメリカの、「企業支配国家」としての実像を今一度思い知らされたというのが私の率直な感想です。

4　食品テロ

『日本生協連・冷凍ギョーザ問題検証委員会
（第三者検証委員会）最終報告』

◆冷凍ギョーザ事件の新展開

　日本生活協同組合連合会が販売した中国製「CO・OP手作り餃子」の有機リン系殺虫剤メタミドホスの付着による重大食中毒事件が昨2007年末から08年1月に発生した事件は、半年後の6月になって、河北省の製造元「天洋食品」が事件後に回収したギョーザを食べた中国人が中毒を起こしていたことがわかって、新たな展開を見せています。中国側から中国での中毒事件発生が日本側に知らされたのが北海道洞爺湖サミット前の7月上旬だったにも関わらず、日本政府がこの情報を1ヵ月も伏せていたことも問題にされています。

　「天洋食品」に冷凍ギョーザの生産を委託し輸入してきた日本たばこ産業（日本JT）は、同社の中国での食料品生産拠点15工場を8工場に縮小し、日本国内の生産拠点を事件直前の19工場から22工場に増やすとともに、「天洋食品」との取引も停止したということです。

　世界的な食料需給のひっ迫を背景に、輸入原料による加工食品の値上げが相次ぎ、この冷凍ギョーザ中毒事件も加わって、国民もわが国の食料自給率の低さや食料安全保障問題への関心をにわかに高めてい

ます。福田首相が6月にローマで開かれた「世界食糧サミット」で、「食料自給率の向上はわが国の国際貢献だ」と大見得を切り、農水省が衆議院の解散・総選挙含みの2009年度予算の概算要求で、「食料自給率向上のための総合対策」に3,000億円の財源を当てるとしているのも、こうした動きを反映しています。

◆**食品安全管理・クライシス対応**

さて、食中毒を起こした冷凍ギョーザを販売した日本生協連は、2008年2月に、吉川泰弘東大大学院農学生命科学研究科教授を委員長とする「日本生協連・冷凍ギョーザ問題検証委員会（第三者検証委員会）」を設置しました。CO・OP商品の事故発生後の対応や品質保証体制等について客観的・専門的な見地からの評価・助言を得るためだということでした。選定された委員からすると、日本生協連トップは、第三者委員会の議論を食品安全管理と事故が会員生協で発生した場合の危機管理のあり方に絞ることに腐心したとみられます。

それに応えて、委員会が『中間報告』（4月11日提出）を経て、08年5月30日に提出した『最終報告』では、「今回の事件は、通常の衛生管理や品質管理の問題を超えた高濃度の農薬に汚染された冷凍ギョーザが原因となっており、生協のみの対策では今回のような事件の発生や被害の拡大を防ぎきれないことは明らかである。今回の事件については、国を中心に農薬の混入経路などの原因究明が行われているところであるが、本委員会では日本生協連への提言にとどまらず、社会的システムにも言及することとした」としました。

そこでは、(1)CO・OP商品の食品安全管理と品質保証のあり方をめぐって、食品安全管理部門の設置を含む食品安全機能の構築や、食品の安全情報システムや人的ネットワークの構築など日本生協連と会員

生協の連携強化などが提案されています。次いで、(2)危機管理（クライシス・マネジメント）をめぐって、会員生協に対する日本生協連の司令塔としての役割強化が提案されています。生協の食品安全管理と危機管理が、日本生協連の会員生協への統括機能を強化することで可能になるかどうかは大いに議論が必要でしょう。

　しかし、私が問題にしたいのは、第三者委員会の提言の締めくくりが「食品テロ対策のための社会システム」論であったことです。

　第三者委員会が、日本生協連への提言にとどまらず、「食品安全管理強化のために必要な社会システム」にも言及するとして主張していることを要約すると以下のようです。

　アメリカの2002年「バイオテロリズム法」が、食品に対する意図的な有害物質や微生物等の混入を「食品テロ」としてさまざまな対策を講じているなど、世界的に「フードディフェンス　Food Defense（食品防御）」の観点に立った食品安全管理の必要性についての機運が盛り上がっている。中国製「CO・OP手作り餃子」がまさにそれであるような食品流通のグローバル化が進むなかで、今回の事件も「食品テロ」によるものであって、従来の生産から消費までを管理するためのさまざまな品質マネジメントシステムや食品安全管理手法などの「フードセーフティ　Food Safety（食品安全）」とは別の視点、すなわち「フードディフェンス」からの食品安全管理が必要である。そのためには、「食品テロ」も視野に入れた社会システムの整備が必要であって、それには、(1)食品に関する情報の行政や事業者を含むネットワーク構築、(2)行政機関の連携と対応一元化・食品安全委員会の強化、(3)リスクコミュニケーションの強化と消費者の参加などが求められる。

◆「食品テロ」

　ところで、「テロ」、「テロリズム」とは、政治目的のために暴力あるいはその脅威に訴える傾向やその行為のことです。歴史が動いた時、テロ事件は枚挙にいとまがありません。しかし、21世紀の国際社会は、01年9月11日のいわゆる「同時多発テロ」（セプテンバー・イレブン）以降、アメリカの自由の理念、したがってアメリカの一国覇権主義を攻撃する者にすべて「テロ」というレッテルを貼り、それに対する先制的予防戦争を正当化するブッシュ政権のアメリカ・ナショナリズムと世界戦略に振り回されています。「反テロ法」、そして反対勢力をすべて「テロリスト」として描き出し、アメリカ国民の多くが骨がらみにされている「自由という最高の価値観と生活様式」を奪おうとする者への「最も暗愚な恐怖心」を掻き立てるブッシュ政権と新保守主義のレトリックを見破らなければなりません。（ニューヨーク市立大学教授のデビッド・ハーヴェイ（渡辺治監訳）の『新自由主義・その歴史的展開と現在』作品社、2007年刊を参照。ハーヴェイは、反対勢力を嬉々として『テロリスト』として描き出すのは危険な兆候だと厳しくブッシュ政権を批判しています。）

　今回の冷凍ギョーザ事件をいとも安易に「食品テロ」とした第三者委員会は、もしそれが日本生協連によって組織された委員会と委員の人選ではなく、「天洋食品」に冷凍ギョーザの生産を委託し輸入してきた日本たばこ産業（日本JT）によって組織されたものであったなら、私は、然もありなんとするかもしれません。食品加工業者、すなわちアグリビジネス多国籍企業としての成長をめざして中国に進出し、「天洋食品」での加工委託事業を展開する過程で、何らかの理由で怨みを買って暴力的報復に遭ったのでしょう。グローバル化の波に乗って海外に進出し、低賃金労働に依拠して利益を上げる多国籍企業としては、

事件を「テロ」に仕立て、テロの恐怖に国民を脅えさせ、危機に対処できるハリネズミ国家がほしいということでしょう。そのような意味で、私は、然もありなんといいました。

　問題は、日本生協連です。消費者にとっての利益の追求には安価で安全な食品を調達することが欠かせないと、多国籍食品企業と提携して国際商品事業を拡大してきました。その過程で発生した中国製「CO・OP手作り餃子」中毒事件です。

　日本生協連は、今、2つの道の分かれ道に立っています。ひとつは、第三者委員会の提言に沿って、つまり多国籍アグリビジネス企業として、海外産品の安全を確保するフードディフェンスからの食品安全管理レベルを自ら強化し、「食品テロ」対応「社会システム」整備を国に求める道です。

　いまひとつは、ICA（国際協同組合同盟）1980年大会（モスクワ）のレイドロウ報告「西暦2000年における協同組合」が、世界の協同組合運動の将来の選択の「第一優先分野」とした「世界の飢えを満たす協同組合」としての発展の道です。

　世界は今、WTO自由貿易主義がもたらした農業破壊と地球温暖化・気象災害によって、新たな食料危機に見舞われています。1970年代の世界食料危機に立ち向かうことが協同組合運動の全人類への最大の貢献だとした「レイドロウ報告」に学ぶならば、今こそわが国の協同組合運動は、生協も農協もあげて、わが国と世界の食料安全保障に貢献するという旗を高く掲げなければなりません。日本生協連の国際商品事業もこの視点を優先させるならば、フェアトレード運動への冷たい視線も和らぐでしょうし、そもそも「食品テロ」の恐怖におののく必要はないはずです。私が日本生協連に望むのはこの道です。

5 バイオエタノール

柴田明夫著
『食糧争奪・日本の食が世界から取り残される日』

◆トウモロコシ原料のバイオエタノール

　化石燃料を代表する石油の高騰のもとで、それに替わる「バイオエネルギー」、そして「バイオエタノール」がにわかに注目されています。エタノール（エチル・アルコール）には化石燃料からの合成による「合成エタノール」があります。バイオエタノールとは、トウモロコシのようなでん粉質原料やサトウキビのような糖質原料を発酵・蒸留して製造されるものをいいます。植物を原料にしているので、(1)再生可能エネルギーであり、(2)燃焼によってCO_2を放出しても、それは植物が成長過程で大気中から吸収したCO_2を排出したことになるので「カーボンニュートラル」であること、(3)さらにガソリンに加えると自動車エンジン内の完全燃焼を促し、一酸化炭素の排出を抑えることができることなどから、環境にやさしいとされています。

　ブッシュ政権が2005年に成立させた新エネルギー法では、12年までにエタノールの使用を現在の年間40万ガロン（1ガロンは約3.8リットル）から最低75万ガロンにまで増やすという目標が設定され、これがアメリカにおけるトウモロコシ原料のバイオエタノール製造をいっ

きょに刺激しました。エタノール生産原料に仕向けられるトウモロコシは、06年度には5,500万トンに達し、総需要量約3億トンの18％強を占めるまでになりました。アメリカ産トウモロコシの輸出量は5,000万トン台（うち日本の輸入が1,500万トン）に増加してきましたが、エタノール生産向け需要はすでにこの輸出量を上回るまでになったのです。最近のエタノール製造工場建設競争は、ADM社を筆頭にアグリビジネス多国籍企業を巻き込んだものだけに、アメリカでのエタノール製造用トウモロコシ需要は増加の一途とみるべきでしょう。

◆エネルギー原料か食料か

シカゴ穀物相場が、1997年のアジア諸国の経済危機いらい長期に続いてきた深刻な低迷を脱して、2006年秋から急騰に転じました。小麦は1ブッシェル5ドル台、トウモロコシは4ドル前後、大豆は10ドルもの高水準になりました（小麦・大豆の1ブッシェルは27.2kg、トウモロコシは25.4kg）。そして、この穀物国際市況の活況に短期的な逆転はないものと予測されているのは、急成長を続ける中国、さらにインドの穀物輸入が今後ハイテンポで増加しそうなことに加えて、長期化しそうな原油高を背景にしたアメリカのエタノール製造向けのトウモロコシ需要増が、穀物需要の世界的な構造変化を生み出しているとみられるからです。

穀物需給のひっ迫が、食料需要の増大とともに、自動車燃料としてのエタノール製造需要によるところから、にわかに食料とエネルギーの間で穀物の争奪が始まったという議論がメディアを賑わせています。「中国を誰が養うのか」で有名なレスター・ブラウン（アメリカ・アースポリシー研究所所長）も登場し、世界の8億にのぼる飢餓人口にとって新たな危機だとして、エタノールブームに警鐘を鳴らしていま

す（『日本経済新聞』07年4月14日）。

　私自身は、世界的な穀物価格の回復なり高騰が、さまざまな要因で飢餓から抜け出せない低開発アフリカ諸国をさらに苦境に追い込み、緊急食料援助の必要性が高まるだろうことは否定しませんが、アジア途上国では、輸出企業だけでなく稲作農民にも収益性アップのチャンスをもたらすものと期待しています。そして食料に黄信号が灯る心配をすべきは、何よりもわが国でしょう。

　そこで注目されるのが、タイムリーかつ刺激的なタイトルで2007年7月に出版された『食糧争奪・日本の食が世界から取り残される日』（日本経済新聞社）です。丸紅経済研究所所長である柴田昭夫氏の著作です。第1章「マルサスの悪魔がやってくる」での、穀物市場のひっ迫が世界の食料市場の不安定構造を顕在化させていること、そして第2章での中国の「爆食」が世界市場に幾何級数的なインパクトを与えることなどの明快な説明は、なるほど総合商社マンとしての実績をもつ著者ならばこそでしょう。

◆わが国の戦略についての提案はいただけない

　問題は、第5章「立ち遅れるニッポン─争奪戦から取り残されないために─」です。柴田氏は、日本農業の今後について、まず国内戦略としては、食品産業との提携や団塊世代の就農優遇策の採用を提案しつつ、とくに耕作放棄などもってのほかで、「農地を徹底的に利用し尽すことのできるものに、耕作を任せるべきである」とします。氏のいうところの「農地を徹底的に利用し尽す」には、農地の利用権を強めて、プロの担い手農家の経営規模拡大とともに、脱サラや団塊世代、あるいは株式会社にまで農地を開放すべきであろうということになります。耕作放棄が広がるのは、農地の所有権が利用権より強いことに

あるとする思い込みはいただけません。わが国の「食料・農業・農村問題」の解決のポイントは農地にあるとするのは、日本の農業を活性化させるには農地制度改革が突破口だとする高木勇樹氏（元農水省事務次官、現農林漁業金融公庫総裁）の請売りかもしれません。

しかし、まともな農業所得を保証せず、農業を継ごうにも継ぎようのない低農産物価格こそが耕作放棄の元凶であること、それは農地の利用権を強化するだけでは逆転できないことは、過疎化と耕作放棄が深刻な農山村の現場をみればただちにわかることです。

日本農業の対外戦略では、「アジアのなかの日本」を見据えたコメ戦略と「東アジア共同体」形成への糸口としての共通農業政策が提案されています。アジアのコメを飼料用穀物としても見直すべきだとする氏の提案はよしとしましょう。問題は、将来の共同体構築のための日本の役割として氏があげる「東アジア、中国農産物に対する日本市場のアブソーバー（吸収する）機能の提供」です。氏は「世界の食糧市場をめぐってはエネルギー市場との争奪戦が強まる公算が強い」と主張し、第２章では、「爆食」中国は農産物輸入依存を高めるとしていたはずです。すなわち、氏の「食糧争奪」論の論理的帰結からすれば、「日本市場のアブソーバー機能の充実」、したがって中国への輸入依存は食糧安全保障を危うくするということになるのではないでしょうか。

「東アジア、中国農産物に対する日本市場のアブソーバー（吸収する）機能の提供」で東アジア共通農業政策をというのは、優れた商社マンならばこその提案だとわかるような気もするのですが、これから続くであろう「食糧争奪」時代にはまったく時代錯誤として否定されないことには論理が一貫しません。

6 ファミリーファーム

テネシー大学農業政策分析センター編
『アメリカ農業政策の再考―世界の農民の暮らしを守るための進路転換―』

◆アメリカの低農産物価格政策で利益を得ているのは誰か

　「WTO体制のもとでのアメリカの市場指向型農政への転換は、国内での農産物価格を引き下げる一方で、世界市場でのアメリカ産農産物のシェアを高めさせた。そして、この農政の受益者とされたはずの農民は活力を失う一方で、主要農産物価格、とくに穀物価格の低落は、多国籍アグリビジネス企業と企業的畜産業者に事業拡大のチャンスを与えることになった。」

　私は、1996年農業法に始まる新自由主義市場原理農政のもとで、アメリカ農業の担い手であったはずのファミリーファーム（家族農場）がかつてない危機にあることを、機会があるたびに指摘してきました。ここでは、冒頭に要約したような、我が意を得たりとするような分析と農政の再転換を求める意見が、アメリカ国内でも堂々と発表されていることを紹介しましょう。

　今回取り上げるのは、テネシー大学の農業政策分析センターが2003年に発表した『アメリカ農業政策の再考』（"Rethinking US

Agricultural Policy"）です。副題に「世界の農民の暮らしを守るための進路転換」とあります。翻訳はされていません。原文はインターネットで読めます。報告書の冒頭に、オックスファム（世界最大級の途上国支援NGO）のこの研究への財政的支援があったことに対する謝辞があるのも興味深いところです。わが国では、この文書を「農業情報研究所」が、いち早く2003年9月5日に、インターネットで「米国大学研究者、世界のためのアメリカ新農業法の青写真」と題して、好意的に紹介しています。

　まず、アメリカの農業経営構造がどのような状況になっているかをみておきましょう。

　アメリカ農務省は、『アメリカにおける農場の構造と経営状態』と題するファミリーファーム・レポートを毎年のように刊行しています。その最新版2007年版によれば、211万経営にまで減った農場のうち98％は家族農場にはちがいないのですが、そのトップの大規模家族農場（農産物販売額25万ドル以上）16万農場と非家族農場5万農場を合わせた21万農場（全農場の10％）の農場で、アメリカの農業産出高の75％を占めるまでになっています。他方で、販売額25万ドル未満の小規模家族農場190万農場（同90％）のなかで専業的な農場は53万農場（同25％）に過ぎず、残りの137万農場（同65％）は、「定年後農業」を含む兼業・副業型小農場です。そして、1980年代以降、とりわけ90年代半ば以降のデカップリング農政と農産物価格の低落のもとで、この家族農場のうち小規模農場の多くが離農を迫られ、過疎化をはじめアメリカ農村社会の崩壊という危機を生み出してきたのです。

　農務省がファミリーファーム・レポートで家族農場の危機を指摘するようになったのは、1979年に民主党カーター政権下の農務長官バーグランドが農業経営構造研究を指示して以来のことのようです。同じ

く民主党クリントン政権下の1997年には、グリックマン農務長官が30名の専門家を指名して「小農場全国委員会」(National Commission on Small Farms) を組織し、翌98年には『行動の時だ』("A Time to Act") と題するレポートで、小農場がアメリカ農業と農村社会の土台であり、持続的な農村再生には活力のある小農場の存在が不可欠であるとして、少数の大規模農場とアグリビジネス企業への農業の集中を問題にしたうえで、農業財政支出をもっと小農場支援に向けるべきだとするなどの提案を行っています。アメリカ農業がますます大規模農場とアグリビジネス企業に支配される事態に対して、小農場の存在の意義を強調するというのは、農務省が自らの存在意義の喪失を危惧してのことかもしれません。

◆**アメリカ農政に求められるもの**

『アメリカ農業政策の再考』にもどりましょう。冒頭に引用したように、本書は、アメリカの農業政策が1996年農業法で市場指向型に大きく転換し、それまでの供給管理と価格支持のためのそれなりにしっかりしたセーフガード（安全装置）を廃止したことが、穀物国際価格の激しい下落と、それが世界中の農民を苦しめている事態に道を開き、かつ、この深刻な事態を転換させるシステムをアメリカは放棄したのだとします。「96年農業法、すなわちアメリカ農政が市場指向型に転換したことこそ、世界的な貧困と食料安全保障問題に責任を負う」とします。ところがやっかいなことに、アメリカ農業は輸出需要の伸びがあってこそ見通しがあるとする古くからの考えが息を吹き返し、農業界は国の保護や規制なしにやっていけるだけの力をつけたとする考えが支配的になったというのです。

その背景にあったのは、農産物低価格がアメリカ国内の小農場を離

農に追い込む一方で、国際価格を引き下げることで世界市場でのアメリカ産農産物の輸出シェアを引上げたことが、政府の直接支払い財政を膨張させ、しかもその大半を得る大規模農場や垂直的統合型企業畜産農場、そして多国籍アグリビジネスの利益を膨らませ、低価格の真の受益者の地位を得させたことでした。それでは消費者が低価格の受益者であるかといえば、低価格の利益の多くはアグリビジネス企業や流通業者の手に収まり、消費者が受益者であったとはいいがたいのです。本書は、以上を歯に衣着せず指摘しています。

　さて、それでは現在の農業危機の解決のためのアメリカ農政の転換の方向が問題になります。本書は、アメリカ国内では低価格が補助金増大の原因だとされるのに対し、世界ではアメリカの補助金こそ世界価格低下の主要因だと見られており、そこから「補助金の撤廃」という先進国の農政転換を求める声が途上国に広まったのだとします。しかし、それはいわば「市場原理主義的」解決方法であり、期待されたほどの価格上昇はもたらさないとともに、そもそもその選択可能性は政治的に極めて小さいというのが本書の考えです。私には、なるほどと思わされます。

　そこで、提案されるのが「農民本位の解決」（the Farmer-Oriented Solution）です。

　その要点は、適正かつ持続的な市場価格帯に価格を引き上げ、過剰生産を管理する3つの政策の複合です。

　(1)穀物過剰生産を抑えるために、短期的にはセットアサイド（減反）と長期的には環境保全制度の土壌保全留保事業などを活用した耕作抑制による農地利用の多様化です。セットアサイドは最大15％とされています。農地利用の多様化のなかには、バイオ燃料作物として、非食料かつ非輸出作物、例えば北アメリカのプレーリーに広く分布するイ

ネ科草本の栽培が提案されています。トウモロコシなど食料作物のバイオ燃料原料化ではありません。

(2)価格が一定水準以下になった場合に発動する農場での保管による食料備蓄です。政府が保管料を農場に支払い、価格が放出価格になるまで農場が在庫を保有し管理する方式です。トウモロコシ・小麦で最大30％、大豆25％、コメ20％を最大保管量としています。

(3)農場での保管が最大保管量になり、価格が境界線を切った場合に発動する「政府買入れ」による最低価格支持です。最低価格支持機能を失っている現在のローンレート制は廃止されます。最低価格水準としては、小麦（ブッシェル）3.44ドル、大豆（同）5.50ドル、コメ（100kg）7.15ドルとされています。

これらの政策複合青写真のシミュレーション結果にもとづいて、「農場の所得水準を落とすことなく財政支出を半分に減らしながら、価格水準はほぼ3分の1上昇するだろう。純粋なヒューマニズムと社会公正の精神にもとづくこれらの政策によってアメリカ国内の市場価格が上がるならば、世界中の小貧困農民の生計を支えることにつながるであろう」というのが本書の結論です。

世界市場に最大の影響力をもつアメリカ農業ならばこそ、「世界の農民の暮らしを守るための進路転換」という本書の政策提案には、わが国の農政のあり方とも関わって、聴くべきところが少なくないというのが私の考えです。

7　直接支払い

オックスファム・インターナショナル
『補助金にスポットライト・イギリスにおけるCAPのもとでの穀物不公正』

◆「直接支払い」とは何か
　農業保護制度のなかに個々の経営に対する補助金の「直接支払い」が本格的に導入されたのは、EU（欧州連合）において、1975年に、農山村など条件不利地域に対する平衡給付金の支払いが開始されたのが始まりです。そしてこれとほぼ同時期に、ドイツ南部のバイエルン州やバーデン・ヴュルテンベルク州のように、中小農民経営が多い条件不利地域で、州独自の農地や農村景観の保全に対する「農村環境直接支払い」が導入されることになりました。それはマンスホルト・プランというEUレベルでの農業構造政策のもとでは、農山村の農業経営の解体と農地・農村景観の破壊が避けがたいという危機感が生み出したものでした。このような対策は、その後EU加盟国それぞれの環境適合型農業を助成する特別対策へ、そして共通農業政策（CAP）のなかで農村開発・農業環境政策を強化する動きにつながりました。EU当局は、予算をこの農村開発・農業環境政策分野の直接支払いにさらに振り向けようとしています。
　ところがこのような条件不利地域対策や農村環境対策としての直接

支払いとは別に、WTO対応の農政転換として、農産物価格支持に替わる直接支払いが1990年代に導入されることになりまました。

それが「1992年CAP改革」（EU農業委員会委員長の名を取って「マクシャーリ改革」ともいいます）によって農産物価格支持水準を引き下げる代わりに、下がった農業所得分を個々の農業経営に補償するというものでした。これは、アメリカ政府が、ウルグアイ・ラウンド（UR）農業交渉で、EUに対して農産物価格支持政策の削減（デカップリング）を内容とする「国内農業助成の削減」を要求したことが背景にあります。同時に、EU側にはアメリカからの国内農業支持削減要求を外圧として利用したい事情がありました。というのも、CAPの域内農業優先政策のもとで、牛乳そして穀物に過剰生産が広がり、それを買取り価格よりも安値で域外に輸出する貿易会社に対する輸出払戻金（つまり輸出補助金）が膨らんで、CAP財政が苦しくなったからです。また牛乳の生産抑制（1984年に生乳生産割当制度を開始しています）や、全般的な価格支持抑制にともなう農産物市場価格の下落のもとで、80年代には中小農家の離農が進みます。条件不利地域や僻地での過疎・高齢化など農村社会問題も深刻化しました。同時に、それまでの農産物市場価格を支えることを中心にした農業保護のあり方についての社会的批判や、制度の効率性への疑問が噴出していました。この間の農業構造の変化、つまり中小農家の離農が進み、大規模農業経営の生産シェアが高まるなかで、価格支持財政支出の80％がわずか20％の大規模経営を潤すといった事態が広く知られることになったからです。

「1992年CAP改革」は、CAPの介入価格制度は維持しつつも、穀物価格支持水準を国際価格にまで引き下げ、それにともなう農業所得の減少を過去の単収をもとに生産者に直接補償支払いするというものでした。EU委員会は、この「価格引下げ補償支払い」を、UR農業合意

では「デカップリングへの過渡的政策」としての「暫定的な削減対象外」(青)とさせることに成功しました。

　その後、EUは価格支持水準をさらに引き下げ、それに対する補償支払いは100％補償ではなく50％補償に留めるとともに、2005年に始まった改革では、直接支払い全体を作目別生産高ベースから切り離し、つまり生産からデカップルし、「単一支払い」に転換するなどに踏み出しています。その際に「クロス・コンプライアンス」、すなわち直接支払いの受給には消費者・環境・動物保護の分野での最低基準の遵守を義務づけることや、「モデュレーション」といいますが、農村開発予算を大きくするために直接支払いの支給額を逓減させるなどの試みに着手しています。ただし、この単一支払いの支給は2013年までと期限つきです。

◆「イギリスにおけるCAPのもとでの穀物不公正」
　イギリスのオックスフォードを本拠地とするNGO「オックスファム」(Oxfam)は、途上国支援では世界最大ともいえるNGOですが、EUの農政が消費者だけでなく途上国農業にも大きな影響を与えるとしてCAP批判に熱心です。
　ここでとりあげるのは、その報告書『補助金にスポットライト・イギリスにおけるCAPのもとでの穀物不公正』(2004年刊)です。オックスファムのホームページにアクセスすると英文で読めます。この報告書が注目されるのは、イギリスの農業構造が、貴族層の「封建的な土地所有」が残り、それを土台にした大農場が存在するというEU諸国のなかでは特異な存在であって、直接支払いの実態が露骨に浮かび上がるからです。
　報告書では、CAPの所得補償直接支払いは、イギリスではもっ

も豊かな農業経営者や最大規模の地主に補助金を注ぎ込んでいるとします。EU加盟国のなかにはCAPは弱小農民を守っていると主張する国もないわけではないが、イギリスの場合には、穀物農業に注目すると、それとはまったく逆に、社会福祉に逆行する事態があるといいます。

その証拠として示されるのが、2003年のイングランドの農場総数４万9,221経営のうち、経営規模が1,000haを超える大規模経営224経営（4.6％）が得る直接支払いです。個々の経営への支払額は公開されていなかったので、オックスファムが推計したところ、１ha当たり255ポンド（１ポンドは約200円）ということで、50ha未満の小経営の１農場当たりでは3,600ポンド（約72万円）です。これでは、イギリス全土で苦境に陥っている小農業者を救えません。

他方で、1,000ha以上で裕福な大経営では、21万1,000ポンド（約4,200万円）もの支払額になりました。オックスファムは、イングランドに224経営ある1,000ha以上経営を「224クラブ」と皮肉っていますが、そのなかでも最大で2,000haを超える「デューク公爵」農場の受給額は何と38万2,000ポンド（約7,600万円）です。これは１日当たりでは約1,050ポンド（21万円）になります。オックスファムは、これを看護士の平均日給46ポンド（9,200円）や全国最低賃金（１日）36ポンド（7,200円）、国民年金（１日）12ポンド（2,400円）と比較しています。そしてその差の巨大さは社会的に「アンフェア」だと主張しているのです。

所得補償直接支払いが始まって以降、イングランドにおける農地の借地料は、1.5倍もの上昇になっています。借地料上昇で最大の恩恵に浴しているのが、イギリス最大の農地所有者、すなわち王室であることについても報告書は言及しています。そのひとつであるランカス

ター領地（12万ha）からは、エリザベス女王に年間600万ポンド（12億円）もの借地料が支払われているというのです。

　地主（土地所有貴族　Landlords）に恩恵をもたらす直接支払いは、「ほとんど封建的ともいうべき支払い制度の創出」でないかというオックスファムの指弾にはことばもありません。

　EUの現在の価格引下げ補償直接支払いが、「社会的に不公正」だという批判にさらされていることを知るべきだというのが私の言いたいことです。

　さらに私たちが知っておくべきは、EUのこのようなWTO対応デカップリング型直接支払いは、農業構造が大きく変化したために、支給対象の農業経営数が大幅に減少しており、支給に要する事務や経費が価格支持政策に比べてそれほど大きくないという事情です。そして、何よりもそれはEUにおける農業保護水準引下げの手段であるということ。加えて、農産物過剰が基本問題であり続けているEU域内の農産物供給は、この程度の農業保護水準引下げでは、供給不安や食料安全保障問題にはつながらないのです。だからこそ、EU当局が農業保護水準を引き下げ、農業者には期限を限って所得低下を直接支払いで補償するという選択が政治的に可能であったということです。

8 メイド・イン・チャイナ

ピエトラ・リボリ著
『あなたのTシャツはどこから来たのか?』

◆アメリカの綿生産者の強み

　農業をめぐる国際分業の分析を通じて現代のグローバリゼーションのもつ基本的性格をえぐりだそうという本書『あなたのTシャツはどこから来たのか?』(雨宮寛・今井章子訳、東洋経済新報社、2007年刊)の著者は、アメリカ・ジョージタウン大学ビジネススクールの女性教授ピエトラ・リボリです。原題を直訳すると、『グローバル経済のなかでのTシャツの旅』となります。全米出版業者協会より2005年の最優秀学術書(金融・経済部門)に選ばれ、すでに11カ国語に翻訳されているとのことです。

　2004年に、アメリカの綿についての輸出補助金が、ブラジルの提訴によるWTO紛争処理パネルで農業協定違反だとされたのは記憶に新しいところですが、本書は、「アメリカの生産者が綿という単純な商品を、自国よりはるかに貧しい国々へ輸出できるのはなぜか、私の中国製のTシャツはなぜテキサスで生まれたのか」から説き起こします。

　すなわち著者の疑問の出発点は、世界市場において産業の優位性は常に一時的であり、アメリカでは世界最高水準の労働コストが原因で

衣料、鉄鋼、造船など多くの国内産業が崩壊したり国外へ追いやられたりしてきたのに、アメリカ綿はなぜか生産高、輸出高、農場規模、単収のいずれでも200年以上にわたって世界制覇を維持していることです。

　この疑問についての著者の回答は、アメリカの綿生産者の比較優位性の秘訣が政府の綿補助金制度だけでなく、何よりも綿の生産販売にともなう「競争リスクを緩和するための公共政策」の200年以上にわたる発達にあるということです。すなわち、19世紀は奴隷制度、そして奴隷制度廃止後は小作農民を土地に縛り付けたシェアクロッピング（分益小作制）、20世紀になるとカンパニータウン方式での農業労働者抱え込み、さらにメキシコ人労働者の導入が、綿農園主をして「労働市場の脅威」、つまり低賃金労働力の確保難を回避させたことです。そしてアメリカ綿の競争力を維持する「だめ押し」が巨額の補助金だったというのです。綿生産者が受け取る面積当たり補助金は小麦やトウモロコシ・大豆の5〜10倍になり、アメリカの綿作人口2.5万が受け取る補助金総額40億ドルは、西アフリカの世界最貧の綿生産国数カ国のGNPを上回るほどのものです。

　著者リボリの真骨頂は、しかし、この補助金額の大きさを批判するにとどまらず、(1)テキサスの綿農園主たちが政治的影響力を駆使する力を養ってきたこと、(2)1930年代前半のニューディール計画の農業調整法は初めて国による農産物価格保償を導入したが、その代償としての減反で南部の小作農民が土地を追われることになったこと、さらに(3)綿農園主の経営努力が、トラクター搭載型綿摘取機の積極的導入から、協同組合を組織しての綿共同販売や繰綿ビジネス、そして綿実油搾油工場への出資などに及んできたことに注目していることです。リボリの指摘は、アメリカの自由貿易主義にとっての国内農業の弱い環

は穀物や酪農であるよりも、実は綿であったこと、そしてアメリカ綿農業の経験はグローバリズム下のわが国稲作農業の今後にとっても示唆に富むことを教えてくれていると考えられます。

◆「メイド・イン・チャイナ」

　さてここで登場するのが中国です。現在、中国はアメリカ綿の最大の買い手であり、さらには世界で生産される綿の３分の１近くを消費しています。そして、伸び続けてきたアメリカ綿の対中国輸出の陰には、「ほぼ一貫して拡大し続けている連鎖がある。中国の安価な衣料品に対するアメリカの需要の高まりが、アメリカ綿に対する中国需要を増やすという連鎖だ」というのです。これは農業と繊維産業という最も関連性の強い産業連関において、国境を越えた農業国際分業と「新たなグローバル産業」連関の形成であるとして、著者はそこにグローバリゼーションのもつ基本的性格のひとつを見出しているようです。

　そのうえで、著者が、上海の縫製工場で生産される「メイド・イン・チャイナ」Ｔシャツをめぐって議論するのが、「底辺へ向かう競争」です。「底辺へ向かう競争」とは、アラン・トネルソン著の『底辺へ向かう競争』によるものですが、トネルソンは同書で、国際競争によって賃金と労働条件に下方圧力が加わるなかで、中国の巨大な「余剰」労働力が安いＴシャツを過酷な条件と低賃金で生産することを可能にし、それが世界中の労働者を危機にさらしていると弾劾しています。このトネルソンの主張を踏まえて、リボリも、「今日、アメリカが綿の世界市場に君臨するのと同じく、中国は世界の繊維・衣料品産業に君臨する」が、ところが、繊維や衣料品産業の首位は、底辺へ向かう競争が苛烈なためにすぐに入れ替わってしまうために、中国のトップ

の座はアメリカの綿生産者の覇権とは異なって、それほど長続きするものではないだろう。ただし、南アフリカのアパルトヘイトにも似た中国の農村戸籍制度が残る限り、おおぜいの従順な若い農村女性の供給が保証されており、「当面、中国は、底辺への競争をリードし続けるだろう」とします。

そのうえで、リボリは以下のような視点を提示します。つまり、かつての日本の女工同様、現代中国の繊維労働者もまた、低賃金、長時間労働、粗末な作業環境に置かれている。それでもそれは「農村での暮らしよりずっとまし」であって、「父や兄に従わされる田舎では決して味わえない自由が欲しくて、また両親の言いなりに生きるのではなく自分の一生を自分で決めたくて工場へ来ていた」のであって、「皮肉なことに、若い女性を拘束するための労働慣行、作業ノルマ等々は、いずれも彼女たちを経済的自由と自立へ導くための仕組みの一部でもある」ことに著者は注意を向けるのです。かつてのイギリス産業革命の最も偉大な遺産は女性解放であったとする歴史経済学者アイビー・ピンチュベックの理論に導かれて、工場労働それ自体が女工たちに選択肢を与えることになること、それが彼女たちの受身の姿勢を変えさせ、立ち上がって経営者に歯向かい、しだいに創造性、決断力、チームワークを必要とする繊維産業レベルを超えた発展産業にふさわしい労働者になっていくというのです。

「底辺への競争に脱落した国々は、今では世界有数の経済大国だ。だがいずれの国においても、都市化、工業化とそれにともなう経済の多様化や、農村女性の経済的、社会的開放をもたらすきっかけは、綿工場をはじめとする搾取工場だった」とも指摘します。

そして、著者は、WTOでの「グローバル労働基準」の議論や、ILOの底辺への競争を抑制しようとする「中核的労働基準」の承認な

ど、「底辺への競争のルールづくり」の意義を否定しないものの、「工場生活を経験することで従順さから脱皮した彼らは、決起して経営者に立ち向かう。そうして自分たちや後に続く労働者のために底辺を引き上げてきた」労働者自身に注目するのです。

　ひるがえっていま冷凍ギョーザ中毒事件で問題になっている「メイド・イン・チャイナ」食品をどうみるべきでしょうか。日系の商社や食品加工企業の進出による中国での冷凍食品製造は、日本国内での低価格加工原料調達の困難さ、低賃金で働く労働者確保の困難さ（労働市場の脅威）が、ギョーザのように衣料品産業と同様ないしそれ以上の労働集約的加工品だからこその、「底辺への競争」のもたらしたものであるということでしょう。低温管理された加工場でギョーザを包む長時間単純作業は想像以上に過酷なはずです。そして、それはリボリの言うところに従えば、農村女性の経済的、社会的解放をもたらすきっかけではありましょう。しかし、いま「底辺への競争」のトップに立っている中国に、Tシャツの品質基準はともかくも、食品についての日本基準の安全・安心を要求することが、そもそも非現実的であることを思い知るべきではないのでしょうか。

9 フェア（トレード）・アグリーメント

ジョセフ・E・スティグリッツ／A・チャールトン著
『フェアトレード・格差を生まない経済システム』

◆「社会的正義」「公正」の原則

　グローバリズムが世界を捉えるなかで、国際社会に格差が広がっています。とくに低開発途上国がさらなる経済的困窮に落ち込むとともに、国際社会は世界的な栄養不足人口の減少にみるべき成果を上げていないなかで、国際貿易協定は社会的正義（social justice）、または公正（fairness）の原則にもとづくものであるべきだとする議論が登場しています。

　それを代表するのが、ジョセフ・E・スティグリッツの近著（ロンドン大学社会科学部リサーチフェローのA・チャールトンとの共著）『フェアトレード・格差を生まない経済システム』（浦田秀治郎監訳・高遠裕子訳、日本経済新聞出版社、2007年）です。スティグリッツは、「情報の経済学」の構築によってノーベル経済学賞を受賞（01年）し、現在はコロンビア大学教授です。『世界を不幸にしたグローバリズムの正体』（徳間書店）などで、アメリカの覇権主義的グローバリズムに対するリベラル正統派経済学の立場からの批判者として、わが国でも知られた存在です。彼が本書でいう「フェアトレード」は、フェア・

トレード・アグリーメント、すなわちWTOは公正な貿易協定をめざすべきだということであって、途上国産品の公正な価格での輸入によって途上国の小農民を支援するフェアトレード運動とは直接の関係はありません。

◆「開発ラウンド」

　スティグリッツは、まずドーハ・ラウンドがなぜ途上国の抵抗を受けるのかを解説します。それは、第1に、ガット・ウルグアイ・ラウンド（UR）は先進国の優先事項を反映し、途上国はほとんど利益を享受できなかったのに、その一方で多大な義務と責任を負うことになったこと。第2に、2001年11月にカタールのドーハに140カ国の貿易担当閣僚が集まって開始を宣言したWTO最初の多角的貿易交渉「ドーハ・ラウンド」は、「開発ラウンド」と呼ばれるように、低開発国の経済開発促進と貧困の撲滅を目標にすると明確に宣言しながら、実際には交渉は途上国の期待に外れた方向に向かったこと。その結果が、03年9月のカンクン閣僚会議の交渉決裂となったこと。

　途上国の失望が大きかった分野の一つが、途上国がドーハ・ラウンド最大の目標とみていた農業改革でした。アメリカとEUが示した最終合意案では、とくに国内支持の分野で、もっとも貿易を歪める国内補助金の削減目標が数値で示されませんでした。しかも、この間において、アメリカの「2002年農業法」は農業者への助成を拡大し、デカップリングどころか補助金で生産拡大を再び刺激する「リカップリング」政策となりました。EUの「2003年CAP改革」も、生産者支援の水準は事実上引き下げられてはいません。さらに、97年以降の農産物国際価格の長期低迷による低開発途上国の経済的苦境の代表事例として、西アフリカ諸国の綿花栽培農家の苦境に世界の関心が集まり、そ

の原因としてアメリカの綿花生産者に対する巨額の生産補助金・輸出補助金が、UR以降の農業の自由化を進めるという合意を反古にするものとして厳しい批判の目にさらされました。

◆「公正な」協定を合意された原則へ

　スティグリッツは、ドーハ閣僚宣言の第二条で、ドーハ・ラウンドの柱が途上国における「貧困の緩和」であり、「すべての国の国民が、多国間貿易体制がもたらす機会の増大と厚生拡大の恩恵を享受する必要性」を認めており、公正の原則が暗示されているとします。

　そこで、彼の主張となるのが、(1)協定は開発への影響という観点で評価され、開発に悪影響を与えるものはアジェンダ（指針）に掲げるべきではなく、アジェンダは貿易に関連し開発を促進する議題に限定されるべきこと、(2)協定は公正でなければならないこと、(3)協定は公正に締結されなければならないことです。そのように主張するスティグリッツの考えの根底には、「グローバル化の進展に伴い、世界的な協調行動が必要であるとの認識が高まるにつれて、公正の原則が重要な役割を果たすようになっている」(88ページ) という確信があります。

　そして、彼は、「すべてのWTO加盟国が自国より貧しく（1人あたりGDPが小さい）、経済規模の小さい（GDPが小さい）すべての国に対して、全産品についてフリー・アクセスを保証する」こととならんで、先進国は、農業補助金撤廃の義務を負うことを、ドーハ・ラウンドの優先原則とすることを提案します。

　農業分野についての、彼の提案をもう少し詳しくみてみましょう。第1に、EUを中心に先進国では、関税引下げや輸出補助金の撤廃など、国境保護を削減すること。第2に、穀物など途上国でも必需品である農産物についての先進国国内の生産支援は徐々に削減し、それに必要

な予算の一部を途上国の調整コストの補てんのために振り向けること。第3に、先進国の国内支持は、市場価格支持から代替的支払い制度に転換すべきこと。さらにWTOは明確な輸出補助金と他の形態の国内補助金を区別しているが、いずれも生産と輸出を増やし、国際価格を抑制する可能性があること。

　ここから、スティグリッツがドーハ・ラウンドに期待する公正性がいかなるものかがわかります。もっともリベラルな正統派経済学が、WTO体制崩壊の危機を感じ、アメリカやEUに、近隣窮乏化政策から脱して世界的な協調行動に転換するよう要請せざるをえないということでしょう。

◆「公正」を超えて

　さて、スティグリッツは、わが国については、農産物輸入国であって輸出補助金はないものの、国内農業支持についてはアメリカ、EUと同罪と考えているようです。それでは、世界的な協調行動に貢献するには、わが国には国内農業を縮小して、さらに市場開放を進めるという道しかないということでしょうか。

　これに関して、彼は、貿易問題が環境などが絡むほかの問題とも重なり合うことからすれば、貿易問題の協議プロセスのオープン化、手続きの改革が必要であり、また、貿易政策が環境に影響を与える場合は、環境担当相の意見を聞く仕組みが必要になって、「そうすれば、たとえば、環境基準を低くして世界の大気汚染を容認して企業誘致をはかる動きを、補助金の一種と見なし禁止すべきだと主張するかもしれない」といいます。

　この指摘は、わが国のようにこれ以上の市場開放による国内農業の構造調整、すなわち縮小再編が、国土保全したがって環境保全を危う

くする場合には、市場開放の制限が決して不公正ではないという主張がありうるということではないでしょうか。農産物をめぐる貿易協定に公正性を求めるスティグリッツの議論には、そもそも地球温暖化のもとで世界の農業と農産物貿易はどうあるべきかといった視点は欠如しています。そして上の指摘もそれほど明示的ではないのですが、その議論は、主として途上国に対する公正性の主張を超えて、わが国の農業のもつ多面的機能と各国の農業の共存という主張も正当であることを、正統派経済学の立場から擁護するものではないかと考えるのです。

10 「東アジア共同体」または「東アジア共通農業政策」

進藤榮一著
『東アジア共同体をどうつくるか』

◆「東アジアの地域統合」論

　1997年7月、タイからのアメリカ・ヘッジファンドの資本引上げが引き起こした通貨危機がまたたく間に東アジア諸国の経済危機に波及し、それまで順調な成長をみせていたアジア経済が深刻な打撃を被りました。「東アジアの地域統合」論がにわかに登場したのは、この東アジア経済危機に際して、最もひどい被害を被ったASEAN諸国に対して、わが国政府が「新宮沢構想」を含む多額の救済措置を講じ、それが結果的に東アジア諸国の地域協力の重要性を目覚めさせることになったことがあるようです。

　その「東アジアの地域統合」論を、まとまったものとして提示したのが、谷口誠氏の『東アジア共同体―経済統合のゆくえと日本―』（岩波新書・2004年刊）でした。氏は、「それまで対米配慮から躊躇していたASEAN＋3（日本・中国・韓国）のフォーラムに参加する方向転換を行ったことは、日本の対アジア外交の一歩前進として評価される。」としました。元外務省キャリアでありながら、「日中関係の改善のために、小泉首相がより真剣に、政治生命をかけて取り組むよう切

望したい」と、日本の対米偏重外交からの脱却を求めたこともあって、大いに注目されました。

　ところが、谷口氏の東アジア共同体論とそこでの農業問題についての提言は、外務省の代弁者以外の何者でもありませんでした。わが国農産物市場の開放、農業自由化を大前提にした東アジア共同体論とそこでの共通農業政策論にいわば先鞭をつけたのです。自由化を前提に日本農業の構造改革断行を主張し、「英国やスイスのレベルの自給率を回復することは難しいであろう」、「自給率の向上自体に最優先課題を置くべきでない」としました。谷口氏の主張する東アジア共通農業政策の要点は、日中間農業開発協力を中心にして、わが国の食料供給源の多角化戦略に中国を組み込むべきだということだったようで、韓国とはどういう関係になるのかはまったく言及がありませんでした。

◆新「東アジア共通農業政策」論の登場

　東アジア共同体における農業問題をもっとも明確にとりあげたのが、国際政治学者進藤榮一氏（江戸川大学教授・筑波大学名誉教授）の『東アジア共同体をどうつくるか』（ちくま新書、2007年1月刊）です。

　進藤氏の主張の要点は、東アジアの地域統合が、ひとつは「情報革命下」のそれであり、いまひとつは、EU統合とは異なってそれが「開かれた地域統合」だというところにあります。「情報革命下」の東アジア地域統合とは、「情報革命がつくり出したグローバル化の第三段階の動き」であり、「情報革命下のグローバリズムに抗するリージョナリズム（地域主義）の動き」だとのことです。この論点はこれだけにしておきます。

　問題は、「開かれた地域統合」です。氏によれば、それは域外（アメリカだけでなく後進農業国も含む）に対して「閉ざされた」関税同

盟を機軸にして発出し展開したEUの、したがって「閉ざされた地域主義」とは異なります。東アジアの地域統合は、「WTO体制下『工程大分業』による域内ネットワーク化に拠った、包括的自由貿易協定もしくは経済連携協定として発出する」、したがって、その統合過程は「開かれた地域主義」として展開するということになります。これは言い換えれば、「外資、つまり日本や韓国、アメリカの多国籍企業の企業内分業ネットワークを基軸とする東アジア地域統合」ということでしょうか。進藤氏には、多国籍企業の主導する東アジア地域統合が、東アジア各国の国民経済と各国政府の主権とどう関わるかについての批判的視点はうかがえません。

さて次は、そのような「開かれた地域主義」としての東アジア地域統合における農業問題です。氏は、同書第7章「共通の持続的発展へ――環境、農業、エネルギー」の、「割腹自殺を超えて――農業問題の場合」とする節で、「地域統合にとって農業はもはや、阻害要因ではなく、割腹自殺を超えてむしろ補完要因としてさえ機能する潜在性を秘めている」といいます。「割腹自殺を超えて」とはどういうことでしょうか。

第一に、情報革命によって、わが国の農産物は「知識集約的商品」に変容し、「成熟する東アジアの富裕な中間層」を対象に輸出市場を拡大し、「食の豊富化と、東アジア共通の食文化を介在させて、東アジア共通農業市場の形成を促しつづける」とします。第二に、農業生産の多国籍企業化（アグリビジネス化）が進み、東南アジアや中国での「開発輸入」の進展によって、東アジア農業の生産と消費の緊密化が進む。「日本人の胃袋と食料が、アジアと結びつく。資本移動とともに農業技術移転が、貧しいアジア農業の生産性を高めて域内自給力を高めていく東アジア食品生産共同体へのシナリオが現実化しはじめる」とします。

この二つの指摘からすると、東アジア地域統合における農業は、韓国農業経営者総連合会会長のように、「割腹自殺」してまで各国の食料自給の維持・向上をめざすべきものではなく、共通の食文化を基礎にした域内国際分業の進展によって、東アジア域内自給力の向上がめざされるべきだということでしょう。この『東アジア共同体をどうつくるか』では少しわかりにくいのですが、氏の共著作『農が拓く東アジア共同体』（進藤榮一・豊田隆・鈴木宣弘編、日本経済評論社、2007年11月刊）の序章「フードポリティックスを超えて」で、氏は「食料一国安全保障の非常識」としていますので、氏の主張する東アジア域内自給力は、中国だけでなく、わが国や韓国も食料自給率を上げることを前提にしているわけではないようです。

◆**食料自給率向上放棄論？**
　そして、氏は、第三に東アジアでは、自給力の確保の強化とともに、農業の多面的機能の保全強化を農業政策の中心にすえて、「アメリカや豪州など巨大ハイテク機械農法下の市場覇権主義的なアグリ・グローバリズムに抗して、稲作水田・小規模耕作下での維持可能な発展」を求める共通農業政策の構築がめざされるとします。それは、北米自由貿易協定（NAFTA）がメキシコ農業を荒廃させているような覇権主義的地域統合ではなく、「東アジアの持続可能な農業のための共通政策」であるとされます。
　問われるべきは、アグリビジネスによる「開発輸入」を前提にした「開かれた地域主義」と、持続可能な農業のための共通政策が整合的であるかということです。
　というのも、氏が提示する東アジア共通農業政策への手順と見取図は、(1)まずは共通危機管理としてのコメ備蓄システムの構築、次いで、

「東アジア共同体の骨格」づくりとして、⑵日本の先端農業技術と豊富な資本とを基盤に、農業生産性の劣った中国やベトナムやタイなどに農林水産業の技術支援を進めて、域内の農林水産業の近代化と域内食料自給能力の向上を図り、「東アジア農業秩序の骨格」としての「東アジア食品生産共同体」の構築、⑶さらには、東アジアFTA（EPA）体制を、「できるだけ早くに域内経済格差を縮め、（コメを含めた）輸入関税と主権の相互削減をはかりながら、開かれた地域主義を進め、……相互に国内構造改革を進めていく」べきだとしています。ところが、氏のいわれる「開かれた地域主義」のもとで、現実には、「東アジア食品生産共同体」とは、域内経済格差の存在を利用したアグリビジネス主導の「開発輸入」であり、輸入関税と主権の削減の踏み絵を各国政府に踏ませること、したがって食料自給率向上を放棄させることが、「東アジア共同体」の美名のもとに正義とされる事態が進行するということです。

　「歴史政策学」を理論的武器にするという本書には、アジア太平洋戦争における「日本のアジア侵攻は、抗日闘争の形であれ親日運動の形であれ、アジアの土着民族主義運動を幇助し、民族解放闘争の梃子として機能した」と、「新しい歴史教科書をつくる会」張りの主張があります。氏の論理によれば、多国籍企業による農業再編、つまり「覇権主義的地域統合」が、諸国民の運動を「幇助」して「東アジアの持続可能な農業のための共通政策」を生み出す梃子として機能するというのでしょうか。多国籍企業主導の「東アジア食品生産共同体」の構築にわが国の食料安全保障を掛けるような提案はいただけません。

著者略歴
村田 武（むらた　たけし）

[略歴]
1942年福岡県生まれ。1966年京都大学経済学部卒業、1969年京都大学大学院経済学研究科博士課程中退。大阪外国語大学ドイツ語学科助手・講師・助教授、金沢大学経済学部助教授・教授、九州大学農学部教授、九州大学大学院農学研究院教授、愛媛大学農学部教授を経て、2008年4月より、愛媛大学社会連携推進機構特命教授。博士（経済学）。金沢大学・九州大学名誉教授。

[主要著書]
『全集 世界の食料 世界の農村13・消費者運動のめざす食と農』（共著、農文協、1994年）、『問われるガット農産物自由貿易』（責任編集、筑波書房、1995年）、『世界貿易と農業政策』（ミネルヴァ書房、1996年）、『農政転換と価格・食料政策』（編著、筑波書房、2000年）、『再編下の世界農業市場』（編著、筑波書房、2004年）、『再編下の家族農業経営と農協』（編著、筑波書房、2004年）、『コーヒーとフェアトレード』（筑波書房ブックレット、2006年）、『新たな基本計画と水田農業の展望』（共著、筑波書房、2006年）、『戦後ドイツとEUの農業政策』（筑波書房、2006年）、『地域発・日本農業の再構築』（編著、筑波書房、2008年）

筑波書房ブックレット㊵
現代の『論争書』で読み解く食と農のキーワード

2009年4月17日　第1版第1刷発行

著　者　村田武
発行者　鶴見治彦
発行所　筑波書房
　　　　東京都新宿区神楽坂2-19 銀鈴会館
　　　　〒162-0825
　　　　電話03（3267）8599
　　　　郵便振替00150-3-39715
　　　　http://www.tsukuba-shobo.co.jp

定価は表紙に表示してあります

印刷／製本　平河工業社
©Takeshi Murata 2009 Printed in Japan
ISBN978-4-8119-0341-5 C0036